7 Zander *Stizostedion lucioperca* > Seite 130
8 Hecht *Esox lucius* > Seite 148
9 Bachsaibling *Salvelinus fontinalis* > Seite 48

MATTHIAS
BERGBAUER

Welcher Fisch ist das?

KOSMOS

Inhalt

Fischkörper

LINKS: Fische mit spindel- oder torpedoförmigem Körper wie dieser Huchen sind schnelle Schwimmer und rasch fließenden Gewässern gut angepasst.

RECHTS: Fische mit seitlich abgeflachtem, mehr oder weniger hochrückigem Körper leben bevorzugt in stehenden oder langsam fließenden Gewässern mit stärker strukturierten Bereichen wie diese Karausche.

Körperform

Einige der heimischen Süßwasserfische sind anhand einer unverwechselbaren Körperform auf den ersten Blick sicher zu bestimmen, wie zum Beispiel Hecht, Wels oder Aal. Bei vielen anderen ist es jedoch nicht so leicht. Zu ihrer sicheren Bestimmung müssen verschiedene Körpermerkmale herangezogen werden. Dazu gehören unter anderem die Form und Lage der Flossen, Form und Stellung der Maulspalte, Art der Bezahnung und die Zahl der Schuppen entlang der Seitenlinie. Die Gestalt der Fische ist sehr vielfältig und gibt oft Hinweise auf die Lebensweise. Spindel- oder torpedoförmige Arten sind mit ihrer Form rasch fließenden Gewässern gut angepasst und/oder schnelle Schwimmer wie Lachsfische, Äsche und Rapfen. Seitlich abgeflachte, hochrückige Arten sind relativ langsame Schwimmer, können aber besser manövrieren. Sie sind stehenden oder langsam fließenden Gewässern mit reich strukturierten Uferbereichen gut angepasst. Typische Beispiele hierfür sind Brassen, Güster, Karausche, Bitterling und Rotfeder. Bodenlebende Arten sind oft bauchseits abgeflacht wie die Groppe. Andere sind länglich und drehrund wie Schlammpeitzger oder Bachschmerle. Der schlangenförmige Aal kann sich sehr geschickt zwischen Wasserpflanzen und Wurzelwerk bewegen und ist auch ein gewandter, ausdauernder Schwimmer.

Fischkörper

Flossen

Die meisten Fische besitzen paarige **Brust- und Bauchflossen** sowie unpaarigee **Rücken-, Schwanz-** und **Afterflossen**. In der Regel nutzen Fische die Schwanzflosse als Antrieb und die paarigen Flossen zum Manövrieren, also zum Wenden, Bremsen und Ändern der Wassertiefe. Neben den paarigen Flossen verleihen Rücken- und Afterflosse wie ein Kiel Stabilität, indem sie beim Schwimmen ein Schlingern des Körpers verhindern.

Die Bauchflossen können hinter (**bauchständig**), unter (**brustständig**) oder vor (**kehlständig**) den Brustflossen liegen. So haben zum Beispiel Lachsfische bauchständige, Barsche und Groppe brustständige und die Quappe kehlständige Bauchflossen. Bei einigen Fischen wie dem Aal fehlen die Bauchflossen. Viele Fische haben nur eine Rückenflosse, bei Barschen und Stichlingen sind es zwei hintereinanderliegende. Die können voreinander getrennt sein (zum Beispiel beim Zander, Streber und den Stichlingen) oder miteinander verwachsen sein wie beim Kaulbarsch. Einige Gruppen wie Lachsfische und manche Welse haben zwischen Rücken- und Schwanzflosse als weitere unpaare und strahlenlose Flosse eine **Fettflosse**.

Von dieser abgesehen, werden die membranartigen Flossen von Knochenfischen üblicherweise von **Flossenstrahlen** gestützt. Die Festigungselemente verleihen den Flossen Stabilität und erlauben zugleich Beweglichkeit. Es wird dabei unterschieden zwischen ungegliederten **Hart-** oder **Stachelstrahlen**, die starr und am Ende oft zugespitzt sind, und den **Weich-** oder **Gliederstrahlen**. Letztere können **unverzweigt** (ungefiedert) oder **fächerartig verzweigt** (gefiedert) sein.

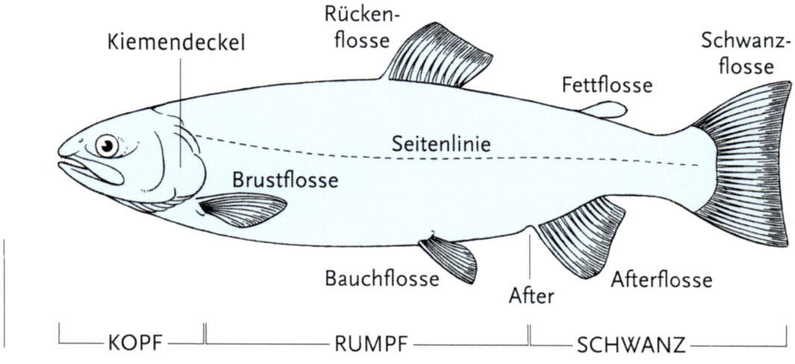

Eine Fettflosse (hier eine Bachforelle) haben unsere Lachsfische, die Coregonen und die beiden eingeführten Zwergwelse.

„Gefiederte", fächerartig verzweigte Flosse

Erste Rückenflosse eines Zanders mit spitzen Stachelstrahlen

Maul

Bei der Stellung des Fischmauls werden drei Formen unterschieden. Beim **oberständigen Maul** ist der Unterkiefer länger als der Oberkiefer (zum Beispiel Ukelei, Moderlieschen, Rapfen). Oft ist dabei die Maulspalte schräg oder steil nach oben gerichtet. Dies ist besonders geeignet, um Nahrung von der Wasseroberfläche aufzunehmen (etwa Anflugnahrung wie Insekten, die auf die Wasseroberfläche fallen), aber auch für Räuber, die ihre Beutefische leicht von unten schnappen. Ein oberständiges Maul muss aber nicht nach oben gerichtet sein, es kann auch nahezu waagerecht verlaufen, wie der Hecht zeigt. Beim **unterständigen Maul** ist der Unterkiefer kürzer als der Oberkiefer (zum Beispiel Nase, Gründling, Barbe, Zährte, Schmerlen, Äsche, Steingreßling). Solche Fische nehmen bevorzugt Bodennahrung auf. Sind beide Kiefer gleich lang, spricht man von einem **endständigen**

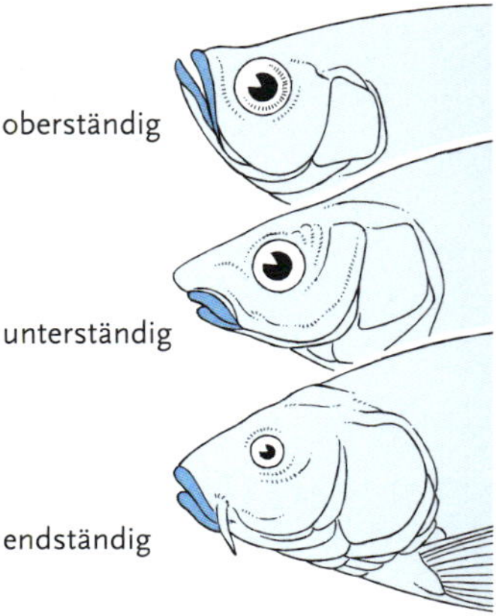

Der Hasel hat eine enge, unterständige Maulspalte.

Der Bachsaibling hat eine weite, bis hinter die Augen reichende Maulspalte.

Maul (zum Beispiel Forelle, Schneider, Zander, Flussbarsch).
Als Raubfische zeichnen sich zum Beispiel Huchen, Hecht, Zander und Wels durch eine **weite Maulspalte** aus. Auch Döbel und Rapfen, als räuberisch lebende Vertreter unter den heimischen Karpfenfischen, besitzen ein tief gespaltenes Maul. Fische, die vor allem wirbellose Kleintiere und Zooplankton fressen, haben dagegen in der Regel eine relativ **enge Maulspalte**. Verschiedene Fische wie Stör, Blei, Güster und Karpfen besitzen ein **vorstülpbares Maul**.

Der Wels hat ein sehr großes, breites Maul mit zahlreichen winzigen Bürstenzähnen.

Zähne

Bei Fischen können nicht nur Ober- und Unterkiefer Zähne tragen, sondern auch weitere den Maulraum begrenzende Knochen wie **Zwischenkiefer, Zungen-, Gaumen- und Pflugscharbein**. Bei Lachsfischen ist die Bezahnung des Pflugscharbeins jeweils so unterschiedlich, dass sie zur Artbestimmung mit herangezogen wird. Karpfenfische dagegen haben zahnlose Kiefer und besitzen stattdessen am Schlundeingang zahnartige Gebilde, die sogenannten **Schlundzähne**. Diese drücken beim Kauen an eine hornige, als Karpfenstein bezeichnete Platte am Ende des Gaumens. Die Schlundzähne können sehr unterschiedlich geformt sein, zum Beispiel **pflastersteinartig** (Karpfen), **gesägt** (Rotfeder), **messerförmig** (Nase) oder **kegelförmig spitz** (Rapfen). Form und Anordnung der Schlundzähne sind wichtige Merkmale bei der Unterscheidung von Karpfenfischen.

Die großen, kräftigen Zähne typischer Raubfische wie Hecht und Zander werden **Fang-** oder **Hundszähne** genannt. Zahlreich beieinanderstehende kleine, polsterartige Zähne werden als **Bürsten-** oder **Hechelzähne** bezeichnet (zum Beispiel bei Wels, Aal, Quappe). Fang- und Hechelzähne können wie beim Hecht nebeneinander vorkommen.

Der Zander hat auffällige Fangzähne.

Barteln

Einige Fischarten tragen in der Nähe des Mauls **Barteln** (zum Beispiel Karpfen, Barbe, Gründling, Wels, Schlammpeitzger). Diese auch **Bartfäden** genannten **Tastorgane** sind besonders reich an Geschmacksknospen. Sie nehmen chemische Reize wahr und dienen dem Aufstöbern von Nahrung. Geschmackssinneszellen sind jedoch nicht nur in Barteln vorhanden, sondern auch im Maul, auf den Lippen und bei vielen Arten über die ganze Oberfläche verstreut.

Der Gründling hat in den Mundwinkeln je eine Bartel.

Die Schmerle hat sechs Barteln an der Oberlippe.

Fischkörper

Kammschuppen eines Flussbarsches

Schuppen

Auch die Form der Schuppen und ihre Anzahl in bestimmten Reihen, insbesondere in der Seitenlinie, können bei der Artbestimmung hilfreich sein. Die für die meisten Fische charakteristischen Schuppen werden in der **Unterhaut** (**Lederhaut**) gebildet. Mit Ausnahme der Störe besitzen alle beschuppten heimischen Süßwasserfische sogenannte **Elasmoidschuppen**. Diese liegen mit dem Vorderende jeweils in schrägen Schuppentaschen eingebettet und sind dachziegelartig angeordnet. Nach der Struktur ihres frei liegenden Hinterrandes unterscheidet man **Rundschuppen** (**Cycloidschuppen**) mit glatter Oberfläche von **Kammschuppen** (**Ctenoidschuppen**) mit feinen, zähnchenförmigen Erhebungen. Die meisten heimischen Fischarten haben Rundschuppen, nur die Barsche (Percidae) besitzen Kammschuppen, wodurch sie sich rau anfühlen. Einige Arten sind schuppenlos (zum Beispiel Wels, Groppe), andere haben sehr kleine, tief in die Haut eingebettete und mit bloßem Auge kaum zu erkennende Schuppen (Aal, Quappe, Schlammpeitzger, Steinbeißer). Bei einigen Arten wie den Stichlingen sind die Schuppen durch **Knochenplatten** oder **-schilde** ersetzt.

Die Schuppen können zudem für die Altersbestimmung eines Fisches herangezogen werden. Das Wachstum erfolgt bei Fischen unserer Breiten entsprechend der jahreszeitlich unterschiedlichen Nahrungsaufnahme und Wassertemperatur in Schüben. Im Sommer sind die Zuwachsraten höher als in den Wintermonaten. Dies führt bei den Schuppen zur Bildung konzentrischer Ringleisten (Wachstumsringe, ähnlich den Jahresringen bei Baumstämmen), wobei die im Sommer angelegten größere Abstände aufweisen als die im Winter gebildeten.

Rundschuppen eines Wildkarpfens

Die silbrigen Rundschuppen eines Hasels

Perlfisch mit körnigem Laichausschlag

Laichausschlag
Zur Laichzeit entwickelt sich bei vielen Karpfenfischen und Renken (Coregonen) sowie bei einigen Arten anderer Familien ein Laichausschlag. Diese harten, körnigen, auch als Perlausschlag oder Perlorgane bezeichneten Gebilde stellen spezielle Verhornungen der Oberhaut dar. Meist treten sie nur beim Männchen auf oder aber sind bei diesen stärker ausgeprägt als bei den Weibchen. Ein typisches Beispiel ist der Perlfisch, der seinem markanten Laichausschlag seinen Namen verdankt.

Auch beim Karpfen kommen in freier Natur solche seltenen goldfarbenen Varianten vor.

Farben

Die Färbung von Fischen ist sehr häufig keine zuverlässige Hilfe bei der Bestimmung von Arten. Dies gilt ganz besonders für unsere heimischen Süßwasserfische. Generell kann das Farbkleid einer Art von verschiedenen Faktoren abhängen. Auffallend ist die Fähigkeit vieler Fische, ihre Färbung mehr oder weniger stark dem Untergrund und den vorherrschenden Lichtverhältnissen anzupassen. So sind zum Beispiel Exemplare auf dunklem Boden oder an schattigen Standorten dunkler, in einem hellen Umfeld dagegen blasser gefärbt. Praktisch alle heimischen Süßwasserfische zeigen solch eine **standortabhängige Färbung**. Sehr deutlich ist dies beispielsweise bei Gründling, Bachschmerle und Groppe zu beobachten. Außer dem Wohngewässer und Standort kann die Färbung eines Fisches auch **alters-** und **stimmungsabhängig** sein. Schließlich zeigen viele Fischarten zur Fortplanzungszeit eine kräftigere, oft farbintensive Laichfärbung (zum Beispiel See- und Bachsaibling, Bitterling, Elritze, Zährte, Dreistachliger Stichling).

Neben alters-, umgebungs- und stimmungsbedingten Farbunterschieden bei einzelnen Vertretern einer Fischart sind auch dauerhaft abweichende Farbkleider bekannt, die genetisch bedingt sind. Diese **„Goldformen"** sind ungewöhnlich gelb gefärbt. Beispiele hierfür sind Goldorfe, Goldschleie, Goldplötze, Goldbarbe und die Goldforelle. Solche als **xanthistisch** bezeichneten Exemplare einer normalerweise anders gefärbten Art sind Defektmutanten, die nur gelbe und rote Pigmente besitzen, während ihnen braune und schwarze Pigmente (Melanine) fehlen.

Bei **Albinos** handelt es sich um Individuen, die genetisch bedingt weder Melanine noch gelbe oder rote Farbstoffe bilden können – eine solche Mutation ist bei unseren heimischen Fischen jedoch sehr selten.

OBEN: Xanthistisches Exemplar einer Schleie
MITTE: Xanthistisches Exemplar einer Regenbogenforelle
UNTEN: Albino-Wels

Fischkörper

Hechte versuchen sich selbst an sehr großer, nicht selten auch zu großer Beute. So wie an dieser Schleie, die letztlich entkommen konnte.

Ernährung

Bezüglich ihrer Ernährung gibt es bei unseren heimischen Süßwasserfischen keine echten Spezialisten. Am ehesten zu nennen wären noch als eingeführte Fremdarten der Graskarpfen, der sich praktisch ausschließlich von Wasserpflanzen ernährt, oder der Silberkarpfen, der sich überwiegend von Phytoplankton ernährt. Viele Arten sind jedoch eher **Allesfresser**, die ein größeres Spektrum pflanzlicher und tierischer Nahrung aufnehmen. Darunter zählen auch die sogenannten „Friedfische", denn sie fressen zusätzlich zu ihrer pflanzlichen Kost durchweg auch zahlreiche wirbellose Kleintiere wie Schnecken, Muscheln, Würmer, Insektenlaven und Kleinkrebse. Sie haben also eine Mischkost aus pflanzlicher und tierischer Nahrung. Als Pendant zu diesen gibt es die **„Raubfische"** wie Hecht, Zander, Wels, Huchen und Rapfen, die sich zumindest ab einem gewissen Alter fast nur von anderen Fischen ernähren.

Fortpflanzung

Die Fortpflanzungs- oder Laichzeit fällt für die weitaus meisten unserer Süßwasserfische in die warme Jahreszeit (Frühjahr bis Sommer). Sie werden als „Sommerlaicher" bezeichnet. Zu ihnen gehören zum Beispiel alle Karpfenfische, Barsche und Hecht. Die Kälte liebenden „Winterlaicher" pflanzen sich in der Zeit zwischen Oktober und März

Auch dieser Wels schaffte es nicht, den eingesaugten, für ihn zu großen Aland, zu schlucken. Letztlich ließ er ihn unbeschadet wieder frei.

Lebensweise

Karpfenpaar beim Ablaichen

fort, wie See-, Bach-, Regenbogenforelle, Lachs, Bachsaibling, aber auch die Quappe. Eine Reihe von Fischen tragen zur Laichzeit einen „Laichausschlag".
Manche Fische bleiben im Lauf ihres Lebens in einem mehr oder weniger großen Gebiet, das sie auch zur Laichzeit nicht verlassen. Solche stationären Fische werden auch als **„Standfische"** bezeichnet. Dazu gehören Hecht, Zander, Flussbarsch, Groppe, Wels, Schleie, Rotfeder, Rotauge und viele weitere. Andere Arten unternehmen teils weite Wanderungen zu ihren Laichplätzen. Solche **„Wanderfische"** ziehen stromaufwärts in schneller fließende Gewässerabschnitte mit sandigem bis kiesigem (Kiesbänke) Grund. Dazu zählen zum Beispiel Barbe, Rapfen, wandernde Formen der Zährte und Nase. Ziehen Fische aus dem Meer zum Ablaichen in die Flüsse oder allgemein ins Süßwasser, spricht man von **anadromen Wanderfischen**. Dazu gehören Lachs und Meerforelle, Fluss- und Meerneunauge sowie Störe. Der Aal dagegen zieht als **katadromer Wanderfisch** zum Ablaichen vom Süßwasser ins Meer.

Zander beim Bewachsen seiner Laichmulde

Paaren sich Güster (links) und Brassen (rechts), entstehen daraus „Güsterbrassen" genannte Hybriden.

Die heimischen Süßwasserfische

Bachneunauge

Lampetra planeri – Neunaugen (Petromyzontidae)

WISSENSWERTES Neunaugen besitzen natürlich keine neun Augen. Die Tiere dieser Familie haben auf jeder Körperseite sieben runde Kiemenöffnungen, ein echtes Auge und eine Nasenöffnung: macht neun „Augen".

LEBENSWEISE Das Bachneunauge lebt stationär in Bächen und kleinen Flüssen, nur zum Ablaichen schwimmt es kurze Wege zu seichten, sand- oder kiesgründigen Stellen. Das Weibchen legt die Eier in eine Grube, die es mit dem Saugmaul angelegt hat. Nach dem Laichakt sterben die Elterntiere. Die nach wenigen Tagen schlüpfenden, als Querder bezeichneten Larven sind zahn- und augenlos. Sie leben für drei bis fünf Jahre überwiegend im Schlamm oder Sand verborgen – also den Großteil ihres Lebens, denn Bachneunaugen werden maximal sechsJahre alt. Sie ernähren sich von Kleinstlebewesen und Detritus. Im Spätsommer ihres letzten Jahres als Querder beginnt die Umwandlung zum erwachsenen Tier: Dann fressen sie nicht mehr, bilden den Darm zurück, entwickeln Augen und werden geschlechtsreif. Diese Metamorphose ist im folgenden Frühjahr, kurz vor dem Ablaichen, abgeschlossen.

AUSSEHEN Schuppenloser, wurmartig dünner Körper. Paarige Flossen fehlen. Erste und zweite Rückenflosse miteinander verbunden, der hintere Abschnitt bildet mit Schwanz- und Afterflosse einen durchgehenden

Flossensaum. Beidseits je sieben runde, in einer Reihe liegende Kiemenöffnungen. Kieferloses, kreisrundes Saugmaul, das keine scharfen Hornzähne trägt.

Färbung: bläulich grau bis gelblich-grünlich. Länge: bis 16 cm.
VORKOMMEN Nordeuropa, fehlt jedoch in Teilen Schottlands und weiten Teilen Norwegens.

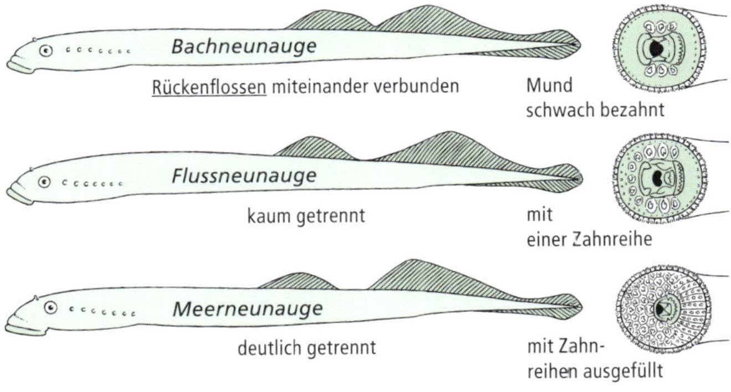

Flussneunauge

Lampetra fluviatilis – Neunaugen (Petromyzontidae)

WISSENSWERTES Neunaugen sind weder Knochenfische noch Knorpelfische. Sie bilden eine vom Aussehen her fischähnliche (z. B. flossenartiger Rücken- und Schwanzsaum), doch eigene Ordnung der Wirbeltiere. Sie gelten als sogenannte „lebende Fossilien", weil sie stammesgeschichtlich nicht nur sehr alt sind, sondern sich seit 500 Millionen Jahren kaum verändert haben.
LEBENSWEISE Das Flussneunauge ist ein anadromer Wanderfisch, erwachsene Tiere halten sich im Meer auf. Sie leben parasitisch von Fischen, heften sich mit ihrer Saugscheibe an diese an und ernähren sich von abgeraspelten Gewebestückchen, Blut und Körperflüssigkeiten. Im September und November steigen sie bis in die Oberläufe der Flüsse auf. Während dieser Wanderung fressen sie nicht, was mit einer Schrumpfung des Darms einhergeht. Gleichzeitig erreichen sie die Geschlechtsreife. Zwischen Februar und März laichen sie an flachen, überströmten, sandig kiesigen Bereichen ab. Dabei umschlingt das Männchen das Weibchen, das sich an einem Stein festsaugt, und besamt die austretenden Eier. Ein Weibchen kann bis zu 40.000 Eier ablegen. Anschließend sterben die erschöpften Elterntiere. Die als Querder bezeichneten Larven sind zahnlos, blind und ernähren sich von im Sediment lebenden Kleintieren und organischen Partikeln. Sie bleiben 3 bis 5 Jahre in den Flüssen wo sie überwiegend ver-

borgen im Sand und Schlamm leben und daher kaum einmal gesehen werden. Danach durchlaufen sie eine Metamorphose zum adulten Tier und wandern in küstennahe Meeresbereiche, wo sie 6 bis 24 Monate parasitisch leben, bevor sie in die Flüsse aufsteigen.

AUSSEHEN Schuppenloser, aalförmiger Körper. Paarige Flossen fehlen. Zwei kaum voneinander getrennte Rückenflossen, die hintere bildet zusammen mit Schwanz- und Afterflosse einen durchgehenden Flossensaum. An den Seiten je 7 runde Kiemenöffnungen. Rundes Saugmaul mit einem Kranz scharfer, horniger Zähne. Färbung: Oberseite gräulich, Bauch silbrig weiß. Länge: 30 bis 40 cm, max. 50 cm.

VORKOMMEN Europäische Küstengewässer und Flüsse. In Skandinavien nur im südlichen Bereich. Fehlt auch in Südosteuropa. Das Flussneunauge gilt als stark gefährdet. Ursachen sind Gewässerausbau wie Stauwehre sowie Verlust geeigneter Laichplätze.

Meerneunauge

Lampetra marinus – Neunaugen (Petromyzontidae)

WISSENSWERTES Aufgrund von Gewässerausbau und Verschmutzung sowie Verlust geeigneter Laichplätze gehört das Meerneunauge bei uns zu den stark gefährdeten Arten. Die generell gestiegene Wasserqualität und verbesserte Möglichkeiten von Laichwanderungen haben auch Meerneunaugen und Flussneunaugen spürbar geholfen, so dass deren Bestände in den letzten Jahren zugenommen haben.

LEBENSWEISE Das Meerneunauge ist ein anadromer Wanderfisch. Im Meer lebt er parasitisch, saugt sich an größeren Fischen fest und ernährt sich von Blut, Gewebestückchen und Körperflüssigkeiten. Zur Fortpflanzung dringen die Tiere in Flüsse ein, meist nur bis in den Unter- oder Mittellauf. Von März bis Juni laichen sie, wobei das Männchen das Weibchen umschlingt. Kurz nach der Fortpflanzung sterben die Elterntiere. Die Querder genannten Larven leben 2 bis 5 Jahre im feinen Sand oder Schlamm und ernähren sich von Kleinstlebewesen. Nach der Umwandlung zum erwachsenen Tier ziehen sie ins Meer, wo sie 3 bis 4 Jahre leben, bevor sie den Laichaufstieg beginnen.

AUSSEHEN Schuppenloser, aalförmiger Körper. Paarige Flossen fehlen. Zweiteilige Rückenflosse stets mit deutlichem Zwischenraum. Beidseits je sieben runde Kiemenöffnungen. Scheibenförmiges Saugmaul mit scharfen, in mehreren konzentrischen Reihen angeordne-

ten Hornzähnen. Färbung: Oberseite graugrün mit dunkler Marmorierung, Bauchseite weißlich. Länge 50 bis 80 cm, max. 100 cm.

VORKOMMEN Europäische Küstengewässer vom Nordostatlantik (Barentsee) über Skandinavien, Island und Britische Inseln einschließlich Nord- und Ostsee bis Gibraltar und westliches Mittelmeer bis zur Adria.

Stör, Europäischer Stör, Atlantischer Stör

Acipenser sturio, Acipenser oxyrinchus – Störe (Acipenseridae)

WISSENSWERTES Der Stör war einst mit einer Maximallänge von über 5 m unser größter Fisch. Noch um 1900 war die Art bei uns mengenmäßig bedeutend, doch innerhalb weniger Jahrzehnte brachen die Bestände dramatisch ein, bis die Art in unserem Gebiet ausgestorben war. Die Gründe: rücksichtslose Überfischung der früheren Jahre und Verlust von Laichplätzen durch Aufstiegshindernisse. Zurzeit gibt es einen nationalen Aktionsplan, den Stör bei uns wieder anzusiedeln. Grundlage dafür sind die letzten Acipenser sturio, die in der französischen Gironde überlebt haben. Mit gefangenen Elterntieren wird eine Nachzucht von Jungfischen aufgebaut, die dann als Besatz in verschiedene Gewässer eingesetzt werden. Parallel wird der Stör in seinem Verbreitungsgebiet geschützt, ebenso wie potenzielle Lebensräume. Ein vergleichbares Projekt startete auch für den Atlantischen Stör (A. oxyrinchus), der früher in der Ostsee lebte. Es zeigte sich, dass er ein Nachfahre des amerikanischen Atlantischen Stör war, der vor 1000 bis 2000 Jahren in die Ostsee einwanderte. So konnte man für dieses Projekt Tiere aus Kanada für Besatz und Wiederansiedlung nehmen.

LEBENSWEISE Der Stör bevorzugt nährstoffreiche Küstenregionen mit Weichböden, besonders Bereiche um Flussmündungen. Im Meer kann er über 1000 km wandern. Zur Nahrungssuche durchwühlt der boden-

orientierte Fisch mit der Schnauze den Weichgrund, ertastet mit den Bartfäden Essbares und nimmt es mit dem vorstülpbaren Maul auf. Als Nahrung dienen ihm Schnecken, Muscheln, Würmer, Krebse, auch Fische wie Grundeln und Sandaale. Der anadrome Wanderfisch steigt von April bis Juli zum Ablaichen bis in die Mittel- und Oberläufe der Flüsse und überwindet dabei auch stärkere Strömungen (bis etwa 2 m/s). Im Rhein etwa wanderte er noch bis über Basel hinaus in den Hochrhein. Auch in die Zuflüsse wie Mosel und Main stieg er auf. Die Eiablage erfolgt über kiesigem Grund. Abhängig von der Größe kann ein Weibchen bis 2,5 Millionen der 2 bis 3 mm großen Eier ablegen. Die Elterntiere wandern danach zurück ins Meer. Die Jungtiere verbleiben meist für 1 bis 2 Jahre im Süßwasser, ziehen dann ins Brackwasser und später ins Meer.

AUSSEHEN Typisch haiähnliche Störgestalt. Wie bei allen Vertretern der Familie ist die Schwanzflosse asymmetrisch, das auf der Körperunterseite befindliche Maul rüsselartig vorstülpbar und der Körper mit 5 Längsreihen knöcherner Schildchen gepanzert. Färbung: Oberseite braungrau bis blaugrau. Länge: bis 3 m, max. 5 bis 6 m.

VORKOMMEN Ursprünglich entlang der europäischen Meeresküsten von Nordsee, Atlantik und Mittelmeer bis ins Schwarze Meer.

Waxdick, Russischer Stör

Acipenser gueldenstaedtii – Störe (Acipenseridae)

WISSENSWERTES Der Waxdick wird stark befischt (Rogen: Ossietra-Kaviar). Sein Bestand muss durch intensiven Besatz gestützt werden. Er paart sich auch mit anderen Störarten, am häufigsten mit dem Sterlet.

LEBENSWEISE Der Waxdick lebt in flachen Küsten- und Brackwasserbereichen vom Flachwasser (etwa zwei Meter Tiefe) bis mindestens 100 m Tiefe. Zum Laichen steigt er in die Flüsse hinauf. Diese Wanderung beginnt im zeitigen Frühjahr und erstreckt sich bis in den Spätherbst. Die Eiablage erfolgt an rasch strömenden Stellen über steinig kiesigem Grund. Die Männchen werden frühestens mit 7, meist erst mit 11 bis 13 Jahren geschlechtsreif, die Weibchen mit 12 bis 16 Jahren. Adulte Exemplare ernähren sich von verschiedenen Bodentieren, besonders von Schnecken und Muscheln. Jungtiere fressen besonders Krebse und Würmer.

AUSSEHEN Typische, haiähnliche Störgestalt. Relativ kurze, stumpfe Schnauze (im Gegensatz z. B. zu *A. stellatus* und *A. sturio*). Eine Querreihe kurzer Barteln, die nahe der Schnauzenspitze ansetzen und zurückgelegt nicht bis zur Oberlippe reichen. Färbung: variabel, meist graubräunlich, jüngere Tiere bläulich grau. Länge: meist bis 150 cm, selten bis über 200 cm.

VORKOMMEN Schwarzes, Asowsches und Kaspisches Meer und deren größere Zuflüsse wie Don und Wolga. Früher auch in der Donau.

Sterlet

Acipenser ruthenus – Störe (Acipenseridae)

WISSENSWERTES Sterlets werden in Aquakultur gezüchtet und sind auch als Aquarien- und Teichfische beliebt. Auch werden künstliche Hybriden aus weiblichen Hausen und männlichen Sterlets erzeugt. Diese als Bester (Name zusammengesetzt aus Beluga und Sterlet) bekannten Fische werden als schnellwüchsige Besatzfische eingesetzt.

LEBENSWEISE Der Sterlet lebt im Gegensatz zu anderen Stören ganzjährig im Süßwasser. Er bevorzugt größere Flüsse und Ströme, seltener kommt er in Seen vor. Zur Fortpflanzung ziehen die Tiere flussaufwärts, abgelaicht wird an stärker überströmten Bereichen mit Grobkies, an dem die klebrigen Eier haften. Die Larven schlüpfen nach 3 bis 5 Tagen und driften flussabwärts.

AUSSEHEN Lang gestreckter, schlanker Körper von typischer haiähnlicher Gestalt der Störe. Lange, leicht nach oben gebogene, spitz zulaufende Schnauze (Rostrum). Eine Querreihe von vier gefransten Barteln, die zurückgelegt knapp bis zur Oberlippe reichen. Färbung: meist dunkelgrau oder bräunlich. Länge: meist 30 bis 60 cm, sehr selten bis über 100 cm.

VORKOMMEN Zuflüsse des Kaspischen, Asowschen, Schwarzen und Nordpolarmeers. Ostsee von Riga bis Leningrad. In der Donau früher bis Ulm, heute wieder in der oberen Donau. Wird durch Besatz wieder in verschiedene Gewässer eingeführt.

Stör, Sibirischer Stör

Acipenser baerii – Störe (Acipenseridae)

WISSENSWERTES Diese Art wird wie mehrere weitere gebietsfremde Störarten seit etwa 1990 vermehrt in Aquakulturanlagen gehalten und gezüchtet. Zum einen gelingt es ihnen immer wieder, in umgebende Gewässer zu entweichen, zum anderen werden sie als attraktive Angelfische absichtlich ausgesetzt. Die Ausbreitung könnte sich nachteilig auf die Wiederansiedlungsprojekte für den Europäischen Stör und den Sterlet auswirken, eine weitere Verbreitung dieser Art sollte daher unterbleiben.

LEBENSWEISE Die Lebensweise wie Nahrung, Laichwanderungen und Laichverhalten entspricht weitgehend denen anderer Störe.

AUSSEHEN Typische haiähnliche Störgestalt mit asymmetrischer (heterocerker) Schwanzflosse. Fünf Reihen auffallend kleiner Knochenschilde, die entlang der Flanken als dünne Naht erscheinen. Schnauze sehr variabel von kurz und rundlich bis lang und zugespitzt. Ansatz der Barteln etwa in der Mitte zwischen Schnauzenspitze und Oberlippe. Färbung: variiert von hellgrau bis dunkelbraun. Länge: meist bis 130 cm, selten max. bis 200 cm.

VORKOMMEN Ursprünglich in allen großen sibirischen Flüsse vom Ob im Westen bis zum Kalyma im Osten sowie im Baikalsee. Durch Besatz auch in mitteleuropäischen Gewässern, wie die Küstengewässer von Ost- und Nordsee sowie in den Unterläufen großer Flüsse.

Hausen

Huso huso – Störe (Acipenseridae)

WISSENSWERTES Der Hausen ist der größte Fisch europäischer Süßgewässer und einer der größten Knochenfische überhaupt.
LEBENSWEISE Dieser anadrome Wanderfisch kann bei seinen Laichzügen bis über 2000 Kilometer zurücklegen. Wie bei Stören häufig, paart er sich teils auch mit anderen Störarten (etwa Sterlet, Waxdick, Sternhausen), aus denen Hybride hervorgehen. Der Hausen beginnt schon im jungen Alter, sich von Fischen zu ernähren, darunter Heringsartige, Karpfenfische, Grundeln, sowie Krebstiere. Gelegentlich frisst er sogar Wasservögel. Der Hausen kann wohl über 100 Jahre alt werden. Die als Kaviar genutzen Eier sind unter dem Namen „Beluga-Kaviar" bekannt.
AUSSEHEN Typische Störgestalt, 5 Längsreihen Knochenplatten, heterocerke Schwanzflosse. Relativ kurze Schnauze, Mundöffnung halbmondförmig, lange, seitlich abgeflachte Barteln. Färbung: Oberseite grau, Unterseite weißlich. Gewicht bis über eine Tonne, Länge bis 6 m.
VORKOMMEN Ursprünglich Schwarzes, Asowsches, Kaspisches Meer, Adria und deren große Zuflüsse. Bei uns in der Donau bis nach Bayern hinein. Heute in vielen Gebieten auch in Deutschland und Österreich – ausgestorben. Vielerorts werden die Bestände nur durch Besatz erhalten. Hälterungen in Aquakulturen.

Aal, Europäischer Flussaal

Anguilla anguilla – Aale (Anguillidae)

WISSENSWERTES Seit 1980 nehmen die Aalbestände dramatisch ab. Bis heute sind sie Schätzungen zufolge um 98 Prozent zurückgegangen. Überfischung scheint die Hauptbedrohung zu sein. Nähern sich die Jungaale (Glasaale, Bild oben) den europäischen Küsten, werden sie von ganzen Fischereiflotten erwartet. In vielen Flüssen treffen die Aale, auch die zurück ins Meer wandernden Erwachsenen, zudem auf zahlreiche Hindernisse wie Wehre und Wasserkraftanlagen. Dazu kommt seit einigen Jahren ein Fischparasit, der bei Aalen die Schwimmblase befällt. Der Aal gilt nach dem dramatischen Zusammenbruch seiner Bestände heute als gefährdete, teils schon als vom Aussterben bedrohte Art.

LEBENSWEISE Der Lebenszyklus und die beeindruckende Laichwanderung des Aals sind einzigartig. Seine Laichplätze liegen in der 6000 bis 7000 Kilometer von Europas Küsten entfernten Sargassosee im Westatlantik. Die Tiere laichen dort im Frühjahr im Freiwasser und sterben anschließend. Aus den im freien Wasser driftenden Eiern schlüpfen nach etwa zwei Tagen die gut 5 cm großen Larven. Innerhalb von 3 Jahren erreichen sie schwimmend und mit dem Golfstrom driftend die Küsten Europas. Hier wandeln sie sich in den Küstengewässern um zu farblos durchscheinenden Jungtieren, den „Glasaalen“. Diese wandern ins Brack- und Süßwasser ein, wobei ihre Pigmentierung zunimmt. Man-

che bleiben im Bereich der Flussmündungen, aus ihnen entwickeln sich später überwiegend Männchen. Die anderen, Steigaale genannt und mehrheitlich zu Weibchen heranreifend, setzen ihre Wanderung flussaufwärts fort. Am Ende der Aufstiegsphase und mit vollendeter Pigmentierung werden sie „Gelbaale" (Rücken grünlich-bräunlich, unterseits gelblich) genannt. Diese treten in zwei Ökotypen auf: „Spitzkopfaale" ernähren sich vorwiegend von wirbellosen Kleintieren, „Breitkopfaale" (Bild oben) fressen bevorzugt kleine Fische, Krebse und Amphibien. Tagsüber halten sich Aale im schlammigen Boden oder in Verstecken verborgen. Nachts gehen sie über den Grund schlängelnd auf Beutesuche. Den Winter verbringen sie an tieferen Stellen im Boden vergraben. Mit nahender Geschlechtsreife verändern sich die Tiere zu „Blankaalen" (Rücken dunkel bis schwärzlich, Unterseite silbrig weiß), auch „Silberaale" genannt, und beginnen mit der Abwanderung flussabwärts und weiter über den Atlantik zurück zur Sargassosee.

AUSSEHEN Kräftiger, schlangenförmiger Körper. Rücken-, Schwanz- und Afterflosse bilden einen einheitlichen Flossensaum. Schuppen winzig und eingebettet in die dicke, von einer starken Schleimschicht umgebene Haut. Färbung abhängig vom Entwicklungsstadium. Länge: Männchen bis 50 cm, Weibchen bis 150 cm.

VORKOMMEN In Europa natürlicherweise in allen Gewässern, die mit Weißem Meer, Ostsee, Nordsee, Atlantik, Mittelmeer und Schwarzem Meer in Verbindung stehen. Heute durch Besatzmaßnahmen zusätzlich in vielen weiteren Gewässern.

Atlantischer Lachs

Salmo salar – Lachsfische (Salmonidae)

WISSENSWERTES Salmo salar bedeutet „salziger Salm", denn Lachse kommen bei ihrer Wanderung in die Flüsse aus den salzigen Meeren.

LEBENSWEISE Lachse sind anadrome Wanderfische. Ihren Aufstieg in die Flüsse beginnen sie bei uns im Sommer und dringen dabei bis in die Äschen- und Forellenregion vor. Die Laichzeit liegt je nach Gebiet zwischen September und Februar. Während des Aufstiegs fressen die Tiere nicht und zehren nur von ihren Fettreserven. Die Eier werden an überströmten Kiesbänken in einer mit dem Schwanz geschlagenen Grube abgelegt, vom Männchen besamt und anschließend mit Kies bedeckt. Nach dem Ablaichen sterben die meisten der völlig erschöpften Elterntiere. Die wenigen Überlebenden kehren ins Meer zurück und können im Folgejahr eine weitere Laichwanderung unternehmen. Nach dem Schlüpfen bleiben die Jungtiere noch etwa 2 bis 4 Jahre im Süßwasser und wandern dann, als „Blanklachse", ins Meer, wo sie weite Wanderungen unternehmen können. In seiner Jugend frisst der Lachs wirbellose Kleintiere, im Alter wechselt er auf Fischnahrung.

AUSSEHEN Lang gestreckter, spindelförmiger Körper. Relativ kleiner, spitzschnauziger Kopf. Schlanker Schwanzstiel mit Fettflosse. Schwanzflosse leicht konkav. Färbung altersabhängig, Jungtiere mit blassen Querbinden an den Seiten. Später, beim Abwandern ins Meer,

silbrig (Blanklachs). Erwachsene Tiere dunkler, grünlich grau mit schwarzen Punkten auf der oberen Seitenhälfte. Männchen zur Laichzeit mit verlängertem, hakenförmig nach oben gekrümmten Unterkiefer (Laichhaken) und rötlicher Unterseite.

VORKOMMEN Nordatlantik und Nebenmeere. In Europa von Nordportugal bis Barentssee, einschließlich Nord- und Ostsee sowie deren Zuflüsse.

Noch vor rund 100 Jahren kamen in allen deutschen Flüssen Lachse vor und galt der Rhein als lachsreichster Fluss Europas. Ab den 1950er-Jahren galt er in unserem Gebiet als praktisch ausgestorben. Die Gründe waren die zahlreichen Aufstiegshindernisse, Verlust von Laichplätzen und Gewässerverschmutzung. Die deutliche Verbesserung der Wasserqualität des Rheins ab den 1980er-Jahren ermutigten zu Projekten der Wiederansiedlung des Lachses. Bekanntestes Aktionsprogramm war „Lachs 2000". Das Programm war erfolgreich – es gibt wieder viele Tausende aufsteigende Lachse im Rhein und auch in anderen Flüssen ist er wieder da. Aktuell wird fortgesetzt mit dem Programm „Lachs 2020". Ziel ist, wieder eine stabile Wildlachspopulation zu haben.

Seeforelle

Salmo trutta lacustris – Lachsfische (Salmonidae)

WISSENSWERTES See-, Bach- und Meerforelle gelten als verschiedene ökologische Formen einer gemeinsamen Stammart. Dabei ist die Seeforelle eine Standortform großer, tiefer, sauerstoffreicher Seen (in den Alpen bis über 1500 m Höhe).

LEBENSWEISE In der Jugend, als sogenannte Silber- oder Schwebforelle, hält sie sich in der oberen Freiwasserregion auf, während ältere Tiere (Grundforellen) meist größere Tiefen aufsuchen. Als Nahrung dienen der Seeforelle zunächst wirbellose Kleintiere, mit zunehmender Größe erbeutet sie vorwiegend Fische (z. B. Coregonus-Arten, aber auch kleine Barsche). Zur Laichzeit von Oktober bis Dezember ziehen Seeforellen meist in die Zuflüsse der Seen, gebietsweise können sie dabei Hunderte Kilometer zurücklegen. Gelegentlich laichen sie auch im See selbst. Die Eier werden auf kiesigem Grund in selbst geschlagene Mulden abgelegt und mit Kies bedeckt. Danach ziehen die Elterntiere wieder in den See zurück, die Jungfische folgen nach 1 bis 2 Jahren.

AUSSEHEN Spindelförmiger Körper, endständiges Maul, Fettflosse. Färbung: silbern mit schwarzen Flecken, Rücken dunkler, graubläulich bis graugrünlich.

VORKOMMEN Alpen- und Voralpenseen, Britische Inseln, Skandinavien, Island und Nordrussland.

Bachforelle

Salmo trutta fario – Lachsfische (Salmonidae)

WISSENSWERTES Als geschätzter Speise- und beliebter, auch weil anspruchsvoller Angelfisch, werden die Bestände der Bachforelle vielerorts durch Besatz gestützt.

LEBENSWEISE Die Bachforelle bewohnt klare, kühle, sauerstoffreiche Fließgewässer sowie Kies- und Geröllgrund und ist Leitfisch der nach ihr benannten Forellenregion. Daneben kommt sie auch in Seen mit geeigneten Bedingungen vor, in Gebirgsseen bis 2500 m Höhe. Die Art bevorzugt in ihrem Wohngewässer strukturierte Bereiche mit ausreichend Unterständen wie Gumpen, Wurzelwerk oder Steinen. Sie ist standortreu und verteidigt ihr kleines Revier gegenüber Artgenossen. Häufig ruhen Bachforellen auf dem Grund, zur Oberfläche schwimmen sie nur, wenn sie dort Fressbares wie Anflugnahrung ausmachen. In den ersten Jahren ernähren sie sich vor allem von weiteren Kleintieren wie Insektenlarven und Bachflohkrebsen. Große Exemplare, sogenannte Raubforellen, stellen auch kleineren Fischen nach (z. B. Elritzen, Bachschmerlen, Groppen). Aus nahrungsarmen Gewässern, etwa im Hochgebirge, kennt man als „Steinforellen“ bezeichnete, kleinwüchsige Exemplare, die nur etwa 15 bis 20 cm Länge erreichen. Zur Paarungszeit zwischen Oktober und Januar schlägt das Weibchen mit dem Schwanz flache Laichgruben in den kiesigen Grund. Nach der Befruchtung durch das Männchen

werden die Eier mit Kies bedeckt. Die Brutdauer beträgt 2 bis 4 Monate, die geschlüpften Larven bleiben im Kieslückensystem, bis der Dottervorrat aufgebraucht ist.
AUSSEHEN Spindelförmiger Körper, stumpfe Schnauze. Weite, bis hinter die Augen reichende Maulspalte. Fettflosse. Färbung: Rücken und Flanken oliv, braun oder grau mit dunklen Flecken. Entlang der Seite zusätzlich meist hell umrandete rote Tupfen – solche kommen bei Regenbogen-, See- und Meerforelle nie vor. Länge: 20 bis 40 cm, max. 80 cm.
VORKOMMEN Fast ganz Europa, wurde als wertvoller Speisefisch in weiten Gebieten der Erde eingebürgert.

Meerforelle

Salmo trutta trutta – Lachsfische (Salmonidae)

LEBENSWEISE Lebensraum der Meerforelle sind die Küstenbereiche und Mündungsgebiete der Flüsse. Zur Fortpflanzung zieht der anadrome Wanderfisch zwischen Juni und November in die Flüsse hoch. Das Ablaichen findet von Dezember bis März an überströmten Kiesbänken über selbst geschlagenen Laichmulden statt. Die Elterntiere sind danach weit weniger geschwächt als Lachse und wandern ins Meer zurück. Meerforellen unternehmen meist mehrere Laichwanderungen in ihrem Leben. Die Brutzeit beträgt 2 bis 3 Monate, die Jungfische leben zunächst im Süßwasser und wandern in einem Alter zwischen 2 und 5 Jahren ins Meer. Jungtiere fressen Wirbellose wie Kleinkrebse, Insekten und deren Larven, mit dem Alter ernähren sie sich zunehmend von Fischen.

AUSSEHEN Körper torpedoförmig, ähnlich dem Lachs, aber etwas weniger schlank. Schwanzflosse kaum eingebuchtet, fast wie gerade abgeschnitten. Schwanzstiel relativ kürzer und höher als beim Lachs. Fettflosse. Färbung: Jungfische mit dunklen Querbinden und roten, hell gesäumten Flecken. Ältere Tiere silbrig mit vielen unregelmäßigen dunklen Flecken. Länge: 60 bis 80 cm, max. 110 cm.

VORKOMMEN Europäische Atlantikküsten von Nordportugal über die Britischen Inseln und Skandinavien, einschließlich Ostsee, bis zum Weißen Meer.

Regenbogenforelle

Oncorhynchus mykiss – Lachsfische (Salmonidae)

WISSENSWERTES In Nordamerika gibt es mehrere Ökoformen der Regenbogenforelle. Die europäische Zuchtform geht auf mindestens zwei Formen zurück, die ab den 1880er-Jahren aus Nordamerika bei uns eingeführt wurden, wie die im Süßwasser verbleibende „rainbow" und die „stealhead" als anadrome Wanderform.

LEBENSWEISE Die Regenbogenforelle ernährt sich ähnlich wie die Bachforelle von wirbellosen Bodentieren, Anfluginsekten und kleinen Fischen. Sie ist gegenüber höheren Wassertemperaturen und geringerem Sauerstoffgehalt unempfindlicher als die Bachforelle. Abhängig von der Formengruppe (früh- oder spätlaichende) liegt die Laichzeit zwischen Dezember und Mai. Natürliche Fortpflanzung wurde in unseren Gewässern nachgewiesen, findet hier jedoch nur ausnahmsweise statt. Vielmehr beruhen die Bestände auf regelmäßigem Besatz.

AUSSEHEN Lang gestreckter, seitlich abgeflachter Körper. Stumpfe Schnauze. Fettflosse. Färbung: Rücken meist bräunlich bis oliv, Flanken heller, meist mit rosa schillerndem Längsband. Zahlreiche kleine dunkle Tupfen auf der Körperoberseite, von der Schnauze bis zur Schwanzflosse. Länge: 25 bis 70 cm, selten max. bis 120 cm

VORKOMMEN Ursprünglich Nordamerika, als bedeutender Speisefisch durch Besatz heute fast weltweit verbreitet.

Bachsaibling

Salvelinus fontinalis – Lachsfische (Salmonidae)

WISSENSWERTES Kreuzungen zwischen Bachsaibling und Bachforelle ergeben sogenannte Tigerforellen. Die Nachkommen aus der Kreuzung von Bach- und Seesaibling werden als Elsässer Saiblinge bezeichnet.

LEBENSWEISE Der Baichsaibling bewohnt bei uns kalte, klare, sauerstoffreiche Fließgewässer und besonders in der Alpenregion auch Seen bis in 2500 m Höhe. Der standorttreue, wenig scheue Fisch hält sich meist in recht flachen Bereichen auf. Er stellt nur geringe Ansprüche an Versteckmöglichkeiten und besiedelt so zum Beispiel auch begradigte Bäche, wo Unterstände fehlen. Als Nahrung dienen ihm kleine, wirbellose Gewässertiere sowie Anfluginsekten. Im Alter stellt er auch Fischen nach. Männchen werden meist nach zwei, Weibchen nach drei Jahren geschlechtsreif. Ein Weibchen legt bis zu 2000 Eier pro Kilogramm Körpergewicht. Zur Laichzeit von September bis März werden an stark überströmten Kiesbänken flache Laichgruben geschlagen, in welche die Eier abgesetzt und anschließend mit Kies bedeckt werden. Bachsaiblinge sind geschätzte Speise- und Angelfische, wirtschaftlich jedoch von untergeordneter Bedeutung. In der Teichwirtschaft sind sie fast ausschließlich Nebenfische bei der Aufzucht von Regenbogenforellen

AUSSEHEN Torpedoförmiger, kräftiger Körper. Fettflosse. Färbung: Rü-

cken und Rückenflosse olivgrün mit heller Marmorierung. Bauchseite beim Männchen zur Laichzeit orangerot. Brust-, Bauch- und Afterflosse rötlich und mit weißem Vorderrand, dahinter ein schwarzer Streifen.

VORKOMMEN Diese ursprünglich im Nordosten Amerikas heimische Art wurde ab 1884 in Europa eingeführt und in verschiedene Gewässer ausgesetzt.

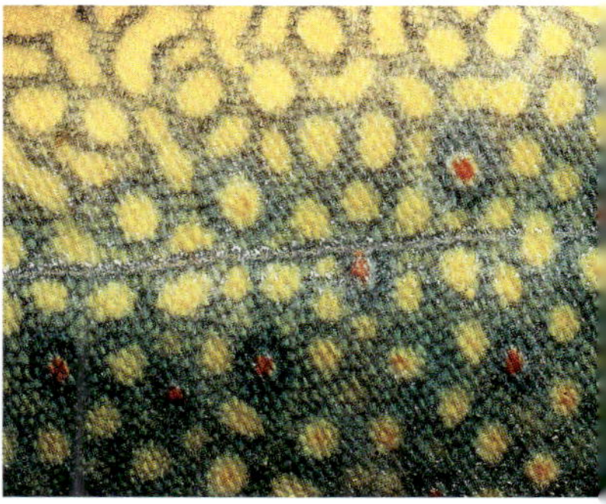

Seesaibling

Salvelinus alpinus alpinus – Lachsfische (Salmonidae)

WISSENSWERTES Der Seesaibling gilt als Nachkomme des Wandersaiblings. Diese anadrome Stammform bewohnt zirkumpolar die Küstengewässer und Zuflüsse des nördlichen Eismeeres. Unser Seesaibling ist demnach ein Relikt der letzten Eiszeit, der als kälteliebende Art in den Alpenseen ein isoliertes Refugium gefunden hat. Er wird als hervorragender Speisefisch hoch geschätzt. Daher wird er auch in nährstofftrübere Seen und Talsperren eingesetzt und so stellenweise auch bis Norddeutschland verbreitet. In solchen Gewässern ist er jedoch meist von Besatzmaßnahmen abhängig. Der sogenannte Elsässer Saibling ist eine Kreuzung aus See- und Bachsaibling (Bild S. 51). Schon im Mittelalter war der Seesaibling ein äußerst begehrter Speisefisch und wurde in viele Seen eingesetzt, auch in Hochgebirgsseen. So entwickelten sich selbst in diesem überschaubaren Gebiet wegen der Isoliertheit der Gewässer verschiedene Populationen und Ökotypen.

LEBENSWEISE Beim Seesaibling unterscheidet man drei Ökotypen, die sich hinsichtlich Nahrung, Wachstum, Aufenthaltsort im Wohngewässer sowie Laichzeit und Laichplätze unterscheiden. Als Tiefseesaibling oder Schwarzreuter bezeichnet man kleinwüchsige Formen mit 10 bis max. 25 cm Länge. Sie kommen meist in sehr nahrungsarmen Hochgebirgsseen oder in großen Tiefen vor und ernähren sich

wohl vorwiegend von Zooplankton. Der Normalsaibling wird etwa 40 cm groß, zu seiner Nahrung gehören hauptsächlich Kleintiere des Gewässerbodens. Im Gegensatz dazu stellt der bis über 80 cm lange, räuberisch lebende Wildfangsaibling anderen Fischen nach.

AUSSEHEN Körper torpedoförmig, im Alter etwas gedrungener. Fettflosse. Färbung: Rücken und Seiten graugrün, blaugrün oder bräunlich, mit hellen Punkten. Bauchseite weißlich bis gelborange. Brust-, Bauch- und Afterflosse mit weißem Vorderrand, ohne angrenzenden schwarzen Streifen (sicheres Unterscheidungsmerkmal zum Bachsaibling). Bauchseite beim Männchen zur Laichzeit rot gefärbt. Länge: je nach Formengruppe unterschiedlich, siehe Lebensweise.

VORKOMMEN In unserem Gebiet kalte, sauerstoffreiche, meist tiefe Seen, Voralpen- und Alpenseen bis etwa 2500 m Höhe. Der Seesaibling gehört zu den stark gefährdeten Arten. Gründe dafür sind unter anderem der starke Befischungsdruck und der Nährstoffeintrag durch Landwirtschaft und Abwässer (Eutrophierung). In einigen Seen ist er ausgestorben, in anderen werden die Bestände durch Besatz gestützt.

Huchen

Hucho hucho – Lachsfische (Salmonidae)

WISSENSWERTES Der Huchen ist der größte heimische Lachsfisch, er kann über 30 kg schwer und 160 cm lang werden. Trotz seiner Größe ist er ein sehr wendiger Jäger. Leider ist der Huchen nach wie vor in vielen Gewässern vom Aussterben bedroht, u. a. durch Begradigungen und Staustufen, die ihn daran hindern, seine Laichplätze zu erreichen.

LEBENSWEISE Der Huchen bevorzugt schnell fließende, kühle und sauerstoffreiche Fließgewässer (Äschen- und Barbenregion), wo er sich meist an tieferen Stellen wie Gumpen aufhält, besonders auch in schattigen Bereichen, etwa unter überhängenden Baumwurzeln, Brücken oder hinter Wehren. In Seen kommt er fast gar nicht vor. Der Huchen ist ein standorttreuer, einzelgängerischer Räuber. Junge Exemplare fressen vor allem Insekten und andere wirbellose Kleintiere, doch stehen auch sie öfter schon in der Strömung und jagen Elritzen und verschiedene Jungfische anderer Arten. Später erbeutet der Huchen hauptsächlich Fische, wie Nase, Barbe, Forelle, Äsche, gelegentlich auch Kleinsäuger und Wasservögel. Zur Laichzeit von März bis Mai steigt er kurze Strecken flussaufwärts oder in kleinere Zuflüsse. Die Eier werden an seichten, kiesigen Stellen in selbst geschlagene Mulden abgelegt und anschließend mit Kies zugedeckt. Die Jungfische wachsen rasch heran, im zweiten

Jahr können Huchen bereits über 30 cm messen.

AUSSEHEN Lang gestreckter, fast drehrunder Körper. Langer, abgeflachter Kopf, weite, bis hinter die Augen reichende Maulspalte. Fettflosse. Färbung: graubraun bis grünlich grau, Flanken oft mit kupferfarbenem Schimmer. Zahlreiche dunkle Tupfen auf Rücken und Flanken. Länge: 80 bis 120 cm, max. 160 cm.

VORKOMMEN Ursprünglich nur im Donausystem, durch Besatz auch in einigen anderen Gewässern im Alpenraum. Der Huchen ist schwer zu finden, in Seen kommt er fast gar nicht vor. Er liebt die kühle Barben- und Äschenregion größerer Flüsse. Gewässerausbau, der ihn am Aufsuchen seiner Laichplätze hindert, hat seine Bestände stark zurückgedrängt. Trotz seiner Größe ist der Huchen sehr wendig. Häufig sieht man ihn in 1-2 Meter Wassertiefe -wegen der Forellen, die er nahe der Wasseroberfläche jagt. Dabei wurde schon beobachtet, wie er eine Bachforelle etwa 150 Meter weit verfolgte.

Stint, Wanderstint, Binnenstint

Osmerus eperlanus – Stinte (Osmeridae)

WISSENSWERTES Charakteristisch für den Stint ist sein eigenartiger, gurkenähnlicher Geruch. Deswegen wurde sein Fleisch nicht überall geschätzt, dennoch fing man ihn in riesigen Mengen – als billige Massennahrung, Schweinefutter, Tranlieferant und Dünger. Heute sind die Bestände stark zurückgegangen.
LEBENSWEISE Bei diesem lebhaften Schwarmfisch werden zwei Formen unterschieden: der anadrome „Wanderstint" zieht zur Laichzeit von März bis Mai vom Meer in die Unterläufe der Flüsse. Die stationären „Binnenstinte" leben in Seen und laichen hier in flachen Uferbereichen der Seen oder ziehen ein kurzes Stück in die Zuflüsse. Als Nahrung dienen dem Stint kleine Bodentiere und Fische.
AUSSEHEN Lang gestreckter, seitlich kaum abgeflachter Körper. Fettflosse. Weite, oberständige und kräftig bezahnte Maulspalte. Kleine Schuppen. Färbung: Rücken graugrün. Länge: „Binnenstint" 10 bis 15 cm, „Wanderstint" bis 30 cm.
VORKOMMEN „Wanderstint": in Küstengewässern von der Biskaya bis Südnorwegen und Ostsee sowie im Mündungsbereich der Flüsse dieser Gebiete. „Binnenstint": in größeren Binnenseen Großbritanniens und des Ostseegebiets einschl. Norddeutschlands, Skandinaviens und Russlands.

Kleine Maräne, Zwergmaräne, Marenke

Coregonus albula – Renken, Maränen (Coregonidae)

WISSENSWERTES Die Kleine Maräne ist ein regional beliebter Speisefisch. Zahlreiche Seen werden heute noch mit dieser Art besetzt, so zum Beispiel auch Baggerseen, Talsperren und ehemalige Tagebaue, die wie das Leipziger Neuseenland wieder geflutet werden.

LEBENSWEISE Der gesellige Schwarmfisch bevorzugt größere, nährstoffarme Seen und hält sich meist im freien Wasser auf. Hier ernährt er sich von Zooplankton. Als typischer Winterlaicher erstreckt sich die Fortpflanzungszeit von Oktober bis Dezember. Abgelaicht wird an flachen Uferbereichen über Sand, Kies oder Wasserpflanzen.

AUSSEHEN Schlanker, lang gestreckter Körper, heringsähnliche Form. Oberständiges Maul. Fettflosse. Färbung: Rücken dunkelblau bis grünlich schillernd, Flanken und Bauch silbrig. Länge: 15 bis 30 cm, max. 35 cm.

VORKOMMEN Nordeuropa von Großbritannien im Westen bis Nordwestrussland, im Osten. In Norddeutschland weit verbreitet (östlich der Elbe, nördlich vom Mittellandkanal).

Renke, Große Maräne, Felchen, Blaufelchen

Coregonus sp. (Coregonus lavaretus)
– Renken, Maränen (Coregonidae)

WISSENSWERTES Renken sind nur von Spezialisten eindeutig zu bestimmen – wenn überhaupt! Eine eindeutige Zuordnung zu einer bestimmten Art gilt nach heutigem Kenntnisstand oft sogar als unmöglich. Was sind echte Arten, was nur Unterarten oder lediglich Standortformen, Ökotypen oder geografische Varianten? Coregonen werden seit vielen Jahrzehnten untersucht, doch die systematische Einteilung ist immer noch nicht abgeschlossen. Schon August Thienemann (1882–1960), bedeutender Zoologe, Ökologe und Begründer der Limnologie (Süßgewässerkunde), schrieb dazu: „Keine Tiergruppe bringt den Systematiker mehr zur Verzweiflung wie die Coregonen …"

LEBENSWEISE Sogenannte „Schwebrenken" halten sich charakteristischerweise im freien Wasser auf, bilden nicht selten auch Schwärme. Als Nahrung dienen ihnen Planktontiere. Daneben fressen besonders größere Renken auch Kleintiere des Gewässerbodens wie Würmer, Insektenlarven und Schnecken. Solche Exemplare, die sich viel in Grundnähe aufhalten, werden oft als „Bodenrenken" bezeichnet. Das Ablaichen erfolgt im Herbst bis etwa Januar über Kies oder Wasserpflanzen.

AUSSEHEN Mehr oder weniger lang gestreckter Körper, seitlich zusammengedrückt. Relativ kleiner

Kopf und kleines Maul. Fettflosse. Tief eingeschnittene Schwanzflosse. Färbung: silbrig. Länge: je nach Form 15 bis 70 cm, max. 120 cm.

VORKOMMEN In großen Seen Norddeutschlands, in Voralpen- und Alpenseen. Typischerweise in tieferen, kühlen und sauerstoffreichen Gewässern.

Im Deutschen existieren unterschiedliche Namen für Coregonenarten. Je nach Gebiet sind die Bezeichnungen Maräne, Felchen, Renken oder Schnäpel verbreitet. Im Voralpen- und Alpengebiet ist die kleine Schwebrenke als Gangfisch und die kleine Bodenrenke als Kilch bekannt. Hier wird auch eine sich typischerweise im freien Wasser aufhaltende Form als Große Schwebrenke bezeichnet. In diesem Gebiet gehören die Blaufelchen bzw. Reinanken zu den besonders geschätzten Speisefischen und sind lokal von wirtschaftlicher Bedeutung.

Nordsee-Schnäpel

Coregonus oxyrhinchus – Renken, Maränen (Coregonidae)

WISSENSWERTES Der Nordseeschnäpel, früher regelmäßig in großen Mengen gefangen, war schon Anfang 1940 vollkommen verschwunden und galt seitdem in Deutschland als ausgestorben. Gründe waren Wasserverschmutzung, Zerstörung von Laichplätzen, Ausbau der für ihn relevanten Flüsse zu Schifffahrtsstraßen. Ein Restbestand hatte jedoch im dänischen Fluss Vidå überlebt und wurde ab 1987 Grundlage für Wiedereinbürgerungsprogramme. Die Tiere wurden künstlich vermehrt und für eine Ausbürgerung zunächst in Schleswig-Holstein, später auch in Nordrhein-Westfalen und Niedersachsen genutzt. Dank dieser Zucht- und Besatzmaßnahmen ist der Nordsee-Schnäpel in seinem früheren Revier heute wieder heimisch.

LEBENSWEISE Der anadrome Wanderfisch zieht im Herbst in die Bodden, Haffe und Flussunterläufe und steigt dann zum Ablaichen von Oktober bis Dezember in die Flüsse auf. Zu dieser Zeit tragen sie einen ausgeprägten Laichausschlag. Abgelaicht wird oft in Schwärmen an ufernahen Sand- und Kiesbänken. Danach wandern die Tiere zurück, jedoch offenbar nicht sofort bis ins Meer. Vielmehr überwintern sie wohl in den Flussunterläufen und den Flussmündungen. Später dann im Meer halten sie sich in Küstenbereichen auf. Die Larven schlüpfen je nach Wassertemperatur im Februar oder im März und treiben stromab-

wärts. Die Jungfische erreichen spätestens in ihrem ersten Herbst ebenfalls die Flussmündungen. Als Nahrung dienen den Jungfischen Zooplankton und Insektenlarven. Mit zunehmendem Alter ernähren sie sich von Bodentieren wie Muscheln, Schnecken und Krebsen, gelegentlich auch kleinen Fischen wie Grundeln sowie Stintlarven.

AUSSEHEN Lang gestreckter, seitlich abgeflachter Körper. Fettflosse. Unterständiges Maul mit nasenartig verlängerter Schnauze, „Nasengröße" jedoch stark variabel. Färbung: silbrig, mit gräulichem Rücken und meist schwarzbläulicher „Nase". Länge: bis über 50 cm.

VORKOMMEN Küstennahe Bereiche, vor allem der südlichen Nordsee. Steigt in Flüsse auf (Weser, Elbe, Ems, Eider und besonders in den Rhein).

Äsche

Thymallus thymallus – Äschen (Thymallidae)

WISSENSWERTES Der wissenschaftliche Name der Äsche bezieht sich auf ihr wohlschmeckendes Fleisch, das leicht nach Thymian riecht.

LEBENSWEISE Die Äsche ist ein Standfisch und in größeren Bächen und kleineren Flüssen Charakterart der nach ihr benannten Äschenregion. Wo sie klares, sauerstoffreiches und schneller fließende Areale mit kiesigem bis sandigem Grund vorfindet, kommt sie auch in der unteren Forellen- bzw. Barbenregion vor. Die tagaktive Art hält sich gern in Bodenvertiefungen auf, Jungtiere öfter in kleinen Gruppen. Mit dem Alter werden sie meist Einzelgänger und zeigen Revierverhalten, indem sie ihren Standplatz gegen Nahrungskonkurrenten verteidigen. Äschen fressen Insektenlarven, Kleinkrebse, Schnecken, Würmer sowie Anfluginsekten, aber auch Kleinfische (z. B. Elritzen) und Fischlaich. Das Ablaichen findet von März bis Mai an flachen, überströmten Kiesbänken statt. Das Weibchen schlägt mit dem Schwanz eine flache Mulde aus, über die es die Eier abgibt. Nach der Befruchtung durch das Männchen werden sie mit Kies bedeckt. Nach dem Schlüpfen halten sich die Larven noch einige Tage zwischen den Steinchen versteckt.

AUSSEHEN Lang gestreckter, seitlich abgeflachter Körper. Zugespitzte Schnauze mit kleinem, leicht unterständigem Maul. Fettflosse. Charakteristisch lange, hohe, fahnenar-

tige Rückenflosse, beim Männchen größer als beim Weibchen. Färbung: graugrün bis bläulich grau, oft zu den Seiten silbrig aufhellend. Oft unregelmäßig verteilte schwarze Flecken, vor allem am Vorderkörper. Länge: 25 bis 35 cm, max. 60 cm.

VORKOMMEN Unregelmäßige Verbreitung, von Teilen Frankreichs über Mitteleuropa nordostwärts bis zum Ural.

Karpfen

Cyprinus carpio – Karpfenfische (Cyprinidae)

WISSENSWERTES Der Karpfen wurde schon sehr früh als Speisefisch in Kultur genommen. In Europa zum Beispiel wurde er durch die Römer und im Mittelalter durch Mönche über weite Teile des Kontinents verbreitet. Seine ursprüngliche Heimat erstreckte sich wohl vom Schwarzmeergebiet bis Asien. Heute ist der bedeutende Wirtschaftsfisch weltweit mit verschiedenen Züchtungen verbreitet. Die Wildform dagegen gilt als stark gefährdet.

LEBENSWEISE Der Karpfen bevorzugt stehende und langsam fließende, wärmere Gewässer mit weichem Grund und gutem Pflanzenwachstum. Er ist ein bodenorientierter, scheuer Fisch, der sich tagsüber meist an geschützten Stellen aufhält. In der Nacht wird er aktiver und geht auf Nahrungssuche. Dabei durchwühlt er den Grund nach Kleintieren wie Insektenlarven, Würmern, Schnecken, Muscheln und Kleinkrebsen. Daneben nimmt er auch pflanzliche Kost, gelegentlich Anfluginsekten und, eventuell als „Beifang", kleine Fische. Als wärmeliebende Art wächst er bei Temperaturen über 20 Grad besonders gut heran. In der kalten Jahreszeit (unter 8 Grad) stellt er die Nahrungsaufname ein und zieht sich zur Winterruhe an tiefere, weichgründige Stellen zurück.
Die Fortpflanzung erfolgt bei uns von Mai bis Juli bei Wassertemperaturen über 18 Grad. Die Eiablage erfolgt an seichten, pflanzenbestande-

nen Stellen wie Uferbereiche. Die nach 3 bis 6 Tagen schüpfenden Larven heften sich bis zur Aufzehrung ihres Dottervorrats an Wasserpflanzen. Mit 2 bis 4 Jahren werden Karpfen geschlechtsreif. Sie können das hohe Alter von etwa 50 Jahren erreichen. Große Karpfen haben kaum Fressfeinde und lassen selbst Hechte nah an sich heran. Als wertvoller Speisefisch wird der Karpfen in großem Umfang in der Teichwirtschaft gezüchtet. Auch als Angelfisch ist er äußerst beliebt; er ist vorsichtig und zeigt sich an der Angel ausgesprochen kämpferisch. Die Bestände werden vielerorts durch Besatzmaßnahmen aufrechterhalten.

AUSSEHEN Die Stammform, Wildkarpfen (Seite 63 oben), hat einen gestreckten, seitlich etwas abgeflachten Körper und ist vollständig beschuppt. Lange Rückenflosse. Maul endständig, rüsselartig vorstülpbar. Maul mit vier Barteln an der Oberlippe (zwei lange und zwei sehr kurze). Nach der Beschuppung werden neben der Stammform vier hochrückige Zuchtformen unterschieden: 1. Schuppenkarpfen (normale Beschuppung, S. 62 oben), 2. Zeilenkarpfen (große, in Reihen angeordnete Schuppen, meist nur eine Reihe entlang der Seitenlinie, z. T. auch entlang des Rückens, S. 64 oben), 3. Spiegelkarpfen (große, unregelmäßig über den Körper verteilte Schuppen, Seite 64 unten), 4. Lederkarpfen (keine oder nur sehr wenige Schuppen, daher manchmal auch als Nacktkarpfen bezeichnet, S. 63 unten). Färbung: variabel, von braun bis hellgrau mit silbrigem Schimmer. Länge 30 bis 50 cm, selten bis über 100 cm.

VORKOMMEN Das ursprüngliche Verbreitungsgebiet erstreckt sich vermutlich vom Einzugsgebiet des Schwarzen, Asowschen und Kaspischen Meers bis hin zu wärmeren Klimazonen Asiens. Heute ist er weltweit verbreitet.

Karausche

Carassius carassius – Karpfenfische (Cyprinidae)

WISSENSWERTES Die Karausche kann sich mit Karpfen kreuzen. Diese Bastarde besitzen ein oder zwei Paar Barteln, die jedoch dünner und kürzer sind als die des Karpfens. Von der Karausche gibt es eine goldgelbe Farbvariante, die als Zuchtform auch im Handel angeboten wird und zum Beispiel in Gartenteichen gehalten wird.

LEBENSWEISE Die Karausche bewohnt zahlreiche stehende Gewässer wie Seen, Teiche, Tümpel und Altgewässer sowie langsam fließende Gewässer und bevorzugt Bereiche mit dichtem Pflanzenbewuchs. Sie ist eine ausgesprochen widerstandsfähige Art mit hoher Toleranz gegenüber Eutrophierung, Sauerstoffmangel und Schadstoffbelastung. Selbst zeitweiliges Austrocknen ihres Wohngewässers überdauert sie bei stark gedrosseltem Stoffwechsel eingegraben im Schlamm und bewohnt so auch periodisch austrocknende Tümpel. Ebenso übersteht die Karausche im Winter ein Durchfrieren ihres Wohngewässers. Sie ernährt sich von pflanzlicher Kost und wirbellosen Kleintieren. Abgelaicht wird von Mai bis Juni an flachen Stellen. Bei hohen Bestandsdichten und ungünstigen Nahrungsverhältnissen bildet die Karausche häufig eine Kümmerform (Verbuttung), die als Stein- oder Teichkarausche bezeichnet wird. Diese ist flachrückig und nur etwa 10 cm lang. Unter günstigen Bedingungen dagegen wächst sie rasch zu einer hoch-

rückigen Form heran, bekannt als Teller- oder Seekarausche.

AUSSEHEN Gedrungener Körper, seitlich zusammengedrückt, mehr oder weniger hochrückig. Kleiner Kopf, endständiges, schräg nach oben gerichtetes Maul ohne Barteln. Rückenflosse am oberen Rand leicht nach außen gewölbt (konvex), im Unterschied zum ähnlichen Giebel. Zudem sieht sie einem kleinen Schuppenkarpfen ähnlich, hat im Gegensatz zu diesem jedoch keine Barteln. Färbung: gelbbraun, mit Messing- oder Bronzeglanz. Länge: 15 bis 30 cm, max. 50 cm.

VORKOMMEN Weite Teile Europas, in vielen Gebieten durch den Menschen verbreitet, im Osten bis Zentralasien.

Giebel, Silberkarausche

Carassius gibelio – Karpfenfische (Cyprinidae)

WISSENSWERTES In sehr vielen Gewässern Europas bildet der Giebel Populationen, die ausschließlich aus Weibchen bestehen. Die Fortpflanzung in solchen männchenlosen Beständen geschieht durch sogenannte Cyogenese, eine Art der Jungfernzeugung. Dazu laichen die Weibchen des Giebels gemeinsam mit anderen Karpfenfischen (z. B. Karpfen, Karausche, Rotauge, Rotfeder). Die Eier des Giebels werden durch die artfremden Spermien nicht befruchtet, es findet also keine Kernverschmelzung statt. Die Spermien setzen lediglich die Zellteilung der Eizelle in Gang. So entstehen wiederum lauter Giebelweibchen. Bei den Nachkommen handelt es sich also nicht um Bastarde, sondern genau genommen um Klone des Weibchens.

LEBENSWEISE Der Giebel bevorzugt stehende und langsam fließende Gewässer mit dichter Vegetation und weichem Grund. Diese Art nimmt vielfältige pflanzliche als auch tierische Nahrung auf und ist auch bezüglich des Laichsubstrats anspruchslos. Diese widerstands- und anpassungsfähige Art verträgt stark nährstoffbelastetes und verschmutztes Wasser ebenso wie zeitweiligen Sauerstoffmangel. Als möglicher Konkurrent heimischer Fischarten wird das hohe Vermehrungspotenzial und die weitere Ausbreitung des Giebels kritisch betrachtet. Gerade die einheimische Karausche wird besonders in klei-

nen Gewässern vom Giebel weitgehend verdrängt.

AUSSEHEN Seitlich abgeflachter, mäßig gestreckter Körper. Endständiges Maul, keine Barteln (im Unterschied zum Karpfen). Oberer Rand der Rückenflosse im Unterschied zur sehr ähnlichen Karausche gerade, oder leicht nach innen gebogen (konkav). Färbung: silbergrau bis gelblich grau. Länge: 15 bis 30 cm, max. 45 cm.

VORKOMMEN Ursprüngliche Heimat Ostasien. Vermutlich nach 1945 in Europa eingeschleppt, hat sich der Giebel heute in weiten Teilen Europas ausgebreitet.

DER GOLDFISCH Goldfisch und Giebel sind sehr eng miteinander verwandt und auf eine gemeinsame, in Ostasien beheimatete Stammform zurückzuführen. Aus der bereits seit vielen Jahrhunderten in China betriebenen Zucht der „Chi", wie die Stammform dort genannt wird, ging eine Vielzahl unterschiedlichster, teils bizarrer Farb- und Formvarietäten des Goldfisches hervor. Durch Handel und Besatz als Aquarien- und Teichfisch ist er heute praktisch weltweit verbreitet. Bei uns können ausgewilderte Goldfische in verschiedenen Naturgewässern angetroffen werden. Durch Konkurrenz und Fraßdruck kann er heimische Arten bedrohen.

Schleie

Tinca tinca – Karpfenfische (Cyprinidae)

WISSENSWERTES Den Winter über ruhen Schleien eingegraben im Schlamm. Die anpassungsfähige Art ist auch widerstandsfähig gegenüber einem geringen Sauerstoffgehalt. Sinkt dieser an heißen Sommertagen deutlich ab, überstehen Schleien selbst extremen Sauerstoffmangel eingegraben im Bodenschlamm in einer Art Hitzestarre. Eine orangegelbe Variante der Schleie, die sogenannte Goldschleie, wird als Zierfisch in Aquarien und Teichen gehalten.

LEBENSWEISE Die Schleie bewohnt vor allem stehende und langsam fließende Gewässer mit weichem Grund und reichem Pflanzenbewuchs. Der dämmerungs- und nachtaktive Fisch hält sich tagsüber meist zwischen Pflanzenbeständen verborgen. Dabei ruht er gern auch in kleinen, selbst angelegten Kuhlen (Schleienkuhlen) zwischen Pflanzen. Mit Einbruch der Dunkelheit wird der Boden nach Nahrung abgesucht. Dabei wühlt die Schleie im Schlamm nach wirbellosen Kleintieren wie Insektenlarven, Schnecken und kleinen Muscheln, nimmt zudem auch pflanzliche Nahrung auf. Die Fortpflanzung erfolgt von Mai bis Juli, dann bilden die ansonsten einzelgängerischen Tiere kleine Gruppen. Die klebrigen Eier werden an Wasserpflanzen abgelegt. Die nach 3 bis 5 Tagen schlüpfenden Larven heften sich mit ihren am Kopf befindlichen Klebdrüsen an Wasserpflanzen. Wegen ihres

schmackhaften Fleisches wird die Schleie gern als Beifisch in Karpfenteichen gezüchtet.

AUSSEHEN Leicht gedrungener, kräftiger Körper. Kleines, endständiges Maul mit je einem kurzen Bartfaden in den Winkeln. Sehr kleine Schuppen, tief in die Haut eingebettet. Hoher Schwanzstiel mit fast gerade abschließender Schwanzflosse, die anderen Flossen abgerundet. Geschlechtsunterschiede: Männchen mit vergrößerten Bauchflossen, deren zweiter Strahl zudem deutlich verdickt ist. Färbung: olivgrün bis bräunlich grün. Länge: 20 bis 50 cm, max. 70 cm.

VORKOMMEN Fast ganz Europa bis weit nach Sibirien hinein. In den Alpen bis etwa 1500 m Höhe.

Rotfeder

Scardinius erythrophthalmus – Karpenfische (Cyprinidae)

WISSENSWERTES Rotfedern bilden häufig Schwärme, auch im Freiwasser. Gerade bei älteren Tieren kommen öfter Schwärme aus bis zu 100 Tieren vor. Die Rotfeder ist ein wichtiger Beutefisch für Raubfische und als Vertilger von Wasserpflanzen bedeutend für den Stoffhaushalt in Seen. Als Speisefisch ist die Rotfeder wenig geschätzt und wirtschaftlich unbedeutend.

LEBENSWEISE Die Rotfeder ist besonders in stehenden und langsam fließenden Gewässern mit pflanzenbestandenen Uferbereichen anzutreffen. Der gesellige Fisch ernährt sich vorzugsweise von weichblättrigen Wasserpflanzen wie Wasserpest, Tausendblatt und Laichkrautarten sowie von fädigen Algen. Daneben frisst er auch wirbellose Kleintiere wie Insektenlarven und Schnecken. Die Fortpflanzung findet von April bis Juni statt. Die Männchen tragen dann einen feinkörnigen Laichausschlag. Abgelaicht wird in Scharen an seichten Stellen über Wasserpflanzen, an denen die klebrigen Eier haften bleiben. Die Larven schlüpfen nach 3 bis 10 Tagen. Gelegentlich laicht die Rotfeder zusammen mit anderen Karpfenfischen wie Rotauge, Güster oder Ukelei ab, wobei Bastarde zwischen diesen Arten möglich sind und immer wieder auch vorkommen.

AUSSEHEN Mittelhoher, seitlich abgeflachter Körper. Oberständige, schräg nach oben gerichtete Maulspalte. Vorderansatz der Rückenflosse deutlich hinter dem der

Bauchflosse. Gekielte Bauchkante zwischen Bauch- und Afterflosse. Färbung: Iris goldgelb, Flossen hellrot bis kräftig rot, Körper grausilbrig bis messingfarben glänzend. Länge: 20 bis 30 cm, max. 40 cm.

VORKOMMEN Fast ganz Europa bis zum Ural.

ROTFEDER ODER ROTAUGE?
Die beiden Arten sehen sich sehr ähnlich. Anhand der Summe dieser Merkmale lassen sie sich leicht unterscheiden.
Rotfeder: Iris goldfarben, oberständiges Maul, Vorderansatz der Rückenflosse liegt deutlich hinter dem der Bauchflossen
Rotauge: Iris gelbrot bis rot, endständiges Maul, Rückenflosse beginnt auf gleicher Höhe wie die Bauchflosse

Rotauge, Plötze

Rutilus rutilus – Karpfenfische (Cyprinidae)

WISSENSWERTES Das Rotauge ist sehr anpassungsfähig und ökologisch anspruchslos, es kommt selbst in stärker verschmutzten Gewässern zurecht. Bei ungünstigen Nahrungsverhältnissen neigt das Rotauge, wie einige weitere Karpfenfische auch, zum Zwergwuchs – ein Phänomen, das als „Verbuttung" bekannt ist. Das Rotauge wird sehr häufig geangelt, besitzt gebietsweise wirtschaftliche Bedeutung und stellt eine wichtige Grundnahrung für Raubfische dar.

LEBENSWEISE Das Rotauge ist sehr weit verbreitet und auch bei uns einer der häufigsten Fische. Es kommt in stehenden und fließenden Gewässern und im Brackwasser der Ostsee vor. Zu seinen Lebensräumen gehören große Seen, Teiche und Weiher ebenso wie tiefere Bäche, große Flüsse, Ströme und Ästuare. Die geselligen Tiere halten sich oft in Gruppen auf und sind sowohl in vegetationsreichen Uferregionen als auch im Freiwasser anzutreffen. Sein breites Nahrungsspektrum umfasst u. a. Zooplankton, Würmer, Schnecken, Muscheln, Kleinkrebse, Insektenlarven und pflanzliche Kost. Das Männchen entwickelt zur Laichzeit von April bis Mai einen schwachen Laichausschlag in Form weißer Knötchen am Kopf und Rücken. Das Ablaichen geschieht in Gruppen und unter lebhaftem Geplätscher im Flachbereich an Pflanzen, Wurzelwerk oder Steinen. Die Larven heften sich bis zur Aufzehrung ihres Dottervorrates mit

ihren am Kopf befindlichen Klebedrüsen am Substrat fest.

AUSSEHEN Mittelhoher, seitlich abgeflachter Körper, je nach Alter und Nahrungsangebot mehr oder weniger hochrückiger Körper. Kleines, endständiges Maul. Vorderansatz der Rückenflosse etwa auf gleicher Höhe wie der von der Bauchflosse. Die Bauchseite ist zwischen Bauch- und Afterflosse gerundet, nicht gekielt. Färbung: Iris rot, Flossen rötlich bis blass orange, nicht so kräftig gefärbt wie die der Rotfeder.

VORKOMMEN Europa nördlich der Pyrenäen und Alpen bis nach Sibirien sehr weit verbreitet und auch bei uns einer der häufigsten Fische.

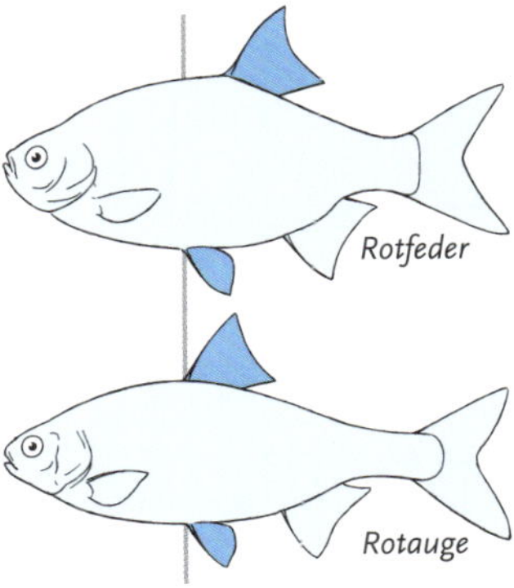

Frauennerfling

Rutilus virgo – Karpfenfische (Cyprinidae)

WISSENSWERTES Der Frauennerfling ist je nach Region stark gefährdet oder sogar vom Aussterben bedroht. Ursachen sind vor allem der Gewässerverbau (Stauchbereiche, Kraftwerksbauten, Uferbegradigungen und -befestigungen). So sind viele Laichwanderungen nicht mehr möglich und wurden zahlreiche Laichplätze zerstört.

LEBENSWEISE Der Frauennerfling ist eine strömungsliebende Art und bevorzugt als Standort tiefere Flussbette. Als Nahrung dienen ihm verschiedene wirbellose Bodentiere wie Insektenlarven und Würmer. Die Laichzeit erstreckt sich von März bis Mai. Die Tiere suchen dazu flache Bereiche auf, wandern dafür teils auch stromaufwärts oder in Zuflussbäche und laichen an Sand- und Kiesbänken ab. Die klebrigen Eier haften an Wasserpflanzen und Steinen.

AUSSEHEN Gestreckter, etwas hochrückiger Körper. Relativ kleiner Kopf mit unterständigem Maul. Schuppen relativ groß und mit dunklen Rändern (deutliches Netzmuster). Färbung: hellgrünlich bis bräunlich mit metallischem Glanz. Länge: 20 bis 30 cm, max. 50 cm.

VORKOMMEN Ober- und Mittellauf der Donau und deren Einzugsgebiet (Deutschland und Österreich bis Rumänien und Bulgarien).

Perlfisch, Maifisch

Rutilus meidingeri – Karpfenfische (Cyprinidae)

WISSENSWERTES In Deutschland wird versucht, diese vom Aussterben bedrohte Art wieder anzusiedeln, so zum Beispiel im Chiemsee mit Tieren aus dem Attersee.

LEBENSWEISE Der Perlfisch bevorzugt in den Seen tiefere, uferferne Regionen. Als Nahrung dienen ihm Wirbellose wie Kleinkrebse, Würmer und Insektenlarven, daneben auch kleine Fische und Pflanzen. Die Fortpflanzung findet von April bis Mai an flachen, kiesigen Stellen statt – entweder in entsprechenden Uferbereichen der Seen oder die Tiere ziehen gruppenweise in die Zu- und Abflüsse. Die Männchen tragen zu dieser Zeit einen starken Laichausschlag (Name!).

AUSSEHEN Körper lang gestreckt, spindelförmig, fast drehrund. Augen relativ klein. Das Maul wird von der abgerundeten Schnauze leicht überragt. Rücken dunkel, grau bis grünlich, zu den Seiten aufhellend, Bauch silbrigweiß. Länge: 40 bis max. 75 cm.

VORKOMMEN In einigen Voralpenseen und deren Zu- und Abflüssen, zum Beispiel Chiem-, Mond-, Atter- und Traunsee. Eine Population auch in der oberösterreichischen Donau.

Brassen, Blei, Brachsen

Abramis brama – Karpfenfische (Cyprinidae)

WISSENSWERTES Der Brassen bevorzugt stehende und langsam fließende Gewässer mit weichem Grund und kommt daher besonders zahlreich in den Unterläufen größerer Flüsse vor. Diese werden daher auch Brassenregion genannt.

LEBENSWEISE Brassen leben gesellig, sind recht anpassungsfähig, leben auch in stärker vom Menschen veränderten Gewässern und gehören vielerorts zu den häufigsten Fischarten. Die Jungtiere halten sich meist in der Uferregion auf und ernähren sich von Zooplankton. Ältere Exemplare findet man tagsüber dagegen eher an tieferen Stellen. Sie kommen eher nachts in flache Uferbereiche, um den Boden nach Wirbellosen wie Insektenlarven, Würmern, Schnecken und kleinen Muscheln abzusuchen. Diese saugen sie, fast senkrecht auf dem Kopf stehend, mit dem röhrenartig vorstülpbaren Maul aus dem weichen Boden. Dabei bleiben kleine trichterförmige Fraßlöcher zurück. Von Mai bis Juli suchen die laichbereiten Tiere nachts flache, pflanzenreiche Uferstellen auf, wo die Eier abgelegt werden. Nach dem Schlüpfen heften sich die Larven mit Klebedrüsen an die Pflanzen, bis ihr Dottervorrat aufgebraucht ist. Bei Überpopulationen und unzureichendem Angebot an Bodennahrung weichen Brassen auf Zooplankton und Pflanzennahrung aus. Unter diesen Bedingungen kommt es oft zur Ausbildung zwergwüchsiger Formen (Verbut-

tung). Diese haben neben ihrer geringen Größe einen sehr schmalen Rücken („Messerrücken").

AUSSEHEN Seitlich stark abgeflachter, hochrückiger Körper. Vorstülpbares, leicht unterständiges Maul. Afterflosse sehr lang. Augendurchmesser ist deutlich kleiner als die Schnauzenlänge (Abstand vom vorderen Augenrand bis zur Schnauzenspitze). Brustflosssen reichen zurückgelegt bis an den Ansatz der Bauchflossen. Färbung: Rücken dunkelgrau bleifarben (Name!), Seiten silbrig grau. Ältere Exemplare oft mit Bronzeschimmer. Länge: 30 bis 50 cm, max. 75 cm.

VORKOMMEN Europa nördlich der Pyrenäen und Alpen bis zum Ural.

Güster, Blicke

Abramis bjoerkna – Karpfenfische (Cyprinidae)

LEBENSWEISE Güster sind gesellige, überwiegend bodenorientierte Fische, die Stillgewässer und langsam fließende Flüsse (Brassenregion) bevorzugen. Als Nahrung dienen ihnen wirbellose Bodentiere wie Insektenlarven, Schnecken, Würmer und kleine Muscheln, dazu gelegentlich Zooplankton und Pflanzenteile. Zur Laichzeit von Mai bis Juni sammeln sie sich in großen Gruppen an seichten, meist pflanzenreichen Uferstellen, wo das Ablaichen unter lebhaftem Geplätscher erfolgt. Die Güster wächst langsam. Meist wird sie mit 3 bis 4 Jahren geschlechtsreif und misst dann erst 10 bis 15 cm. Das Maul der Güster ist leicht unterständig, der Augendurchmessern ist größer als die Schnauzenlänge. Dadurch unterscheidet sich dieser Fisch vom Brassen und der Zope. Wie der Brassen, mit dem sie häufig vergesellschaftet ist, zieht sie sich zur Winterruhe in tiefere Gewässerbereiche zurück. Die Güster ist eine anspruchs-

HYBRIDE

Kreuzungen zwischen Güster und Brassen sind nicht selten. Diese Hybriden, sogenannte „Güsterbrachsen", sind steril, können sich ihrerseits also nicht fortpflanzen. Sie zeigen intermediäre Körpermerkmale von Güster und Brassen. Das macht es schwierig, sie eindeutig zu bestimmen.

lose, regelmäßig, teils massenhaft vorkommende Art. Wegen ihres grätigen Fleisches spielt sie als Speisefisch jedoch kaum eine Rolle.

AUSSEHEN Hochrückiger, seitlich stark abgeflachter Körper. Maul leicht unterständig. Weit vorn stehende Augen, der Augendurchmesser ist etwas größer als die Schnauzenlänge. Die Spitzen der zurückgelegten Brustflossen reichen nicht an den Ansatz der Bauchflossen.

FÄRBUNG: Silbrig, Oberseite dunkler. Basis von Brust- und Bauchflossen rötlich. Länge: 20 bis 30 cm, max. bis 40 cm.

VORKOMMEN Von Mitteleuropa nördlich der Pyrenäen und Alpen bis zum Kaukasus und Ural.

Zope

Abramis ballerus – Karpfenfische (Cyprinidae)

LEBENSWEISE Die Zope bevorzugt langsam fließende Flüsse und Ströme, besonders ufernahe Bereiche der breiten Unterläufe. In Seen hält sie sich eher im Freiwasser auf. Sie frisst überwiegend Zooplankton, daneben auch kleine Bodentiere. Die Wintermonate verbringen die Tiere bei eingestellter Nahrung in tieferen Bereichen. In der Laichzeit von April bis Mai wandern sie flussaufwärts an flache, pflanzenreiche, gut beströmte Stellen. Die abgelegten Eier haften am Substrat. Mit ihrem grätenreichen, wenig geschätzten Fleisch ist die Zope weder als Wirtschafts- noch als Angelfisch von Bedeutung.

AUSSEHEN Hochrückiger, seitlich stark zusammengedrückter Körper. Kleine Schuppen. Schnauze leicht zugespitzt. Endständiges, schräg nach oben gerichtetes Maul. Auffallend lange Afterflosse, unterer Lappen der Schwanzflosse länger als der obere. Färbung: silbrig, oft mit grünlichem oder gelblichen Glanz. Ähnliche Arten: Güster, Brassen, Zobel. Länge: 20 bis 30 cm, max. 35 cm.

VORKOMMEN Unterläufe von Elbe und Weser sowie den südlichen Ostseezuflüssen. Im Donaugebiet ab Oberösterreich und in den nördlichen Zuflüssen des Schwarzen, Asowschen und Kaspischen Meers.

Zobel

Abramis sapa – Karpfenfische (Cyprinidae)

WISSENSWERTES Wie bei der Ukelei dienten früher auch die Schuppen des Zobel zur Herstellung von Perlenessenz, die zur Herstellung künstlicher Perlen verwendet wurde.

LEBENSWEISE Der Zobel ist eine gesellige, bodenorientierte Art. Seine Nahrung besteht aus verschiedenen Kleintieren des Bodens wie Insektenlarven, Würmer, kleine Krebse und Muscheln. Von April bis Mai suchen die laichreifen Tiere flache, pflanzenbestandene Uferbereiche auf, wozu die Brackwasserpopulationen in oft großen Scharen stromaufwärts wandern. Die Männchen tragen dann einen feinen Laichausschlag.

AUSSEHEN Hochrückiger, seitlich stark abgeflachter Körper. Sehr lange Afterflosse. Unterer Lappen der Schwanzflosse länger als der obere. Im Vergleich zur ähnlichen Zope hat der Zobel eine stumpfe, oben deutlich gewölbte Schnauze, ein leicht unterständiges Maul sowie etwas größere Schuppen Sowohl Brassen (A. brama) als auch Güster (A. bjoerkna) besitzen eine deutlich kürzere Afterflosse ohne auffällig dunklen Saum und sind meist hochrückiger. Färbung: silbrig hell, Rückenpartie dunkler. Länge: 15 bis 30 cm, max. 35 cm.

VORKOMMEN Donaugebiet (bis etwa 600 m), nördliche Zuflüsse vom Schwarzen, Asowschen und Kaspischen Meer.

Aland, Orfe, Nerfling

Leuciscus idus – Karpfenfische (Cyprinidae)

WISSENSWERTES Eine orangefarbene Varietät des Aland, die Goldorfe, wird als Zierfisch gezüchtet und gern in Gartenteichen und Aquarien gehalten.

LEBENSWEISE Der Aland bewohnt mittlere und größere Fließgewässer, manche meist größere Seen und auch Brackwasser der Ostsee (z. B. Wismarer Bucht und Fehmarnsund). Er hält sich bevorzugt nahe der Wasseroberfläche auf, oft in stömungsberuhigten, pflanzenbestandenen Arealen. Zur kalten Jahreszeit ist er jedoch in tieferen Bereichen anzutreffen.

Seine Nahrung besteht aus Wirbellosen wie Würmer, Muscheln, Schnecken und Insektenlarven. Besonders ältere Exemplare erbeuten daneben auch kleine Fische. Von März bis Mai zieht der Aland zur Fortpflanzung schwarmweise flussaufwärts und dabei auch in kleinere Fließgewässer. Beide Geschlechter zeigen dann einen Messingglanz an den Flanken und das Männchen zusätzlich einen Laichausschlag. Die klebrigen Eier bleiben an Steinen oder Wasserpflanzen haften. Nach dem Ablaichen wandern die Elterntiere wieder flussabwärts.

AUSSEHEN Gestreckter Körper, etwas hochrückig und seitlich abgeflacht. Schmales, endständiges Maul. Rand der Afterflosse leicht eingebuchtet (konkav). Schuppen kleiner als beim ähnlichen Döbel, dessen Afterflosse nach außen ge-

wölbt (konvex) ist. Färbung silbrig grau, Rücken dunkler. Brust-, Bauch- und Afterflosse rötlich. Länge: 30 bis 50 cm, max. 80 cm.

VORKOMMEN Von Mitteleuropa nördlich der Alpen und östlich des Rheins über Osteuropa bis Sibirien. Das Bild unten zeigt eine Goldorfe.

Döbel, Aitel

Leuciscus cephalus – Karpfenfische (Cyprinidae)

LEBENSWEISE Der Döbel ist oberflächenorientiert, scheu und bevorzugt mäßig bis schneller strömende Fließgewässer. Seltener ist er auch in Seen oder im Brackwasser der Ostsee anzutreffen. Jungfische sind gesellig, häufig schwarmbildend und ernähren sich von Kleintieren des Bodens, Anfluginsekten und pflanzlicher Kost. Mit zunehmendem Alter werden Döbel einzelgängerisch und ernähren sich räuberisch. Sie fressen dann Fische, Fischlaich und -brut, Frösche, größere Krebse, selbst Wasserspitzmäuse, Wasserratten und junge Wasservögel. Zur Laichzeit von April bis Juni (Männchen dann mit feinkörnigem Laichausschlag) werden die klebrigen Eier meist an Wasserpflanzen oder Wurzelwerk abgelegt. Döbel sind zwar bei Angelfischern beliebt, doch wegen ihres grätenreichen Fleisches kaum gefragte Speisefische.

AUSSEHEN Lang gestreckter, fast drehrunder Körper. Großer Kopf mit breiter, endständiger Maulspalte. Hinterrand der Afterflosse leicht nach außen gewölbt (konvex), im Unterschied zum ähnlichen Hasel. Netzartige Zeichnung durch die großen, dunkelrandigen Schuppen. Färbung: silbern bis silbrig grau, zuweilen mit goldenem Schimmer. Länge: 30 bis 60 cm, max. 80 cm.

VORKOMMEN Fast ganz Europa bis Kaspisches Meer und Vorderasien.

Hasel

Leuciscus leuciscus – Karpfenfische (Cyprinidae)

WISSENSWERTES Für einen Karpfenfisch ist der Hasel ein flinker und ungewöhnlich lebhafter, geschickter Schwimmer.

LEBENSWEISE Der Hasel ist ein strömungsliebender und gesellig lebender Fisch. Er bevorzugt kühle, sauerstoffreiche, schneller strömende Fließgewässer. Er bewohnt auch klare, durchflossene Seen und Haffe. Meist hält er sich in Oberflächennähe auf und springt gelegentlich auch aus dem Wasser. Zu seiner Nahrung zählen Anfluginsekten, Insektenlarven, Würmer, kleine Schnecken und mitunter auch Pflanzenteile. Die Fortpflanzung findet von März bis Mai statt, dann trägt das Männchen einen feinkörnigen Laichausschlag. Abgelaicht wird im Flachwasser über sandigen, kiesigen oder steinigen Stellen mit Pflanzenwuchs. Die etwa 2 mm großen Eier bleiben am Grund oder an Wasserpflanzen kleben. Aufgrund seines grätenreichen Fleisches ist er weder für Berufs- noch Sportfischer von Bedeutung.

AUSSEHEN Spindelförmiger, seitlich kaum abgeflachter Körper. Kleines, leicht unterständiges Maul. Schwanzflosse tiefer eingeschnitten und Afterflosse eingebuchtet (konkav), im Gegensatz zum ähnlichen Döbel. Färbung silbrig grau. Paarige Flossen und Afterflosse blass

VORKOMMEN Europa nördlich der Pyrenäen und der Alpen bis Sibirien.

Strömer

Leuciscus souffia – Karpfenfische (Cyprinidae)

WISSENSWERTES Nördlich der Alpen sind die Bestände des Strömers stark zurückgegangen, gebietsweise ist er bei uns damit völlig verschwunden. Hauptursache ist der Gewässerverbau und damit die Zerstörung seines Lebensraumes.

LEBENSWEISE Der Strömer bevorzugt rasch fließende Gewässer (untere Forellen-, Äschen- und Barbenregion), seltener ist er auch in Seen anzutreffen. Er bevorzugt reich strukturierte Fließgewässer mit guter Wasserqualität, in denen er öfter von schnell strömenden zu ruhigen Bereichen sowie jahreszeitlich von Laichplätzen zu Überwinterungsquartieren (z.B. tiefere Kolke) wechselt. Dieser gesellige Kleinfisch hält sich meist in Gruppen an etwas tieferen Stellen seines Wohngewässers auf. Er lebt von Zooplankton und kleinen wirbellosen Bodentieren. Gelegentlich springt er auch nach Luftinsekten. Zur Laichzeit von März bis Mai werden die Eier in der Strömung über kiesigem Grund abgelegt. Die Larven bleiben eine Zeitlang im Kieslückensystem.

AUSSEHEN Lang gestreckter, seitlich wenig zusammengedrückter, fast spindelförmiger Körper. Unterständiges Maul. Rückenflosse beginnt in der Höhe der Bauchflossen. Färbung silbrig bis graugrünlich, Seitenlinie meist orangegelb. Basis der Flossen blassorange. An den Flanken ein mehr oder weniger dunkles Längsband. Wegen dieses Längsbandes wird er gelegentlich mit

dem Blaubandbärbling verwechselt. Dieser unterscheidet sich vom Strömer u. a. durch seine steil nach oben gerichtete Maulspalte. Zur Laichzeit wird beim Männchen das Längsband an den Seiten farbintensiver, dunkelviolettblau, oft auch die Flossen. Länge 10 bis 20 cm, max. 25 cm.

VORKOMMEN In Deutschland nur in einer sehr kleinen Region heimisch: Oberläufe von Rhein (einschließlich Bodensee), Neckar, Main und Donau sowie deren Nebengewässer. Südlich der Alpen in den Einzugsgebieten u. a. von Rhone, Var, Etsch, Po und Tiber.

Rapfen

Leuciscus aspius – Karpfenfische (Cyprinidae)

WISSENSWERTES Der Rapfen ist der einzige echte Raubfisch unter den heimischen Karpfenfischen.
LEBENSWEISE Der Rapfen bevorzugt größere Fließgewässer (Barbenregion) und durchströmt Seen. Die Jungfische leben gesellig, halten sich gern in Uferzonen auf und ernähren sich von verschiedenen Kleintieren, erbeuten daneben bald aber auch schon Fische wie Elritzen, kleine Rotaugen und Barsche. Mit dem Heranwachsen stellt er überwiegend Fischen nach. Dabei verhält er sich weniger als Lauerräuber, sondern mehr als agiler Jäger. Im Eifer der oft sehr lebhaften Jagd schießt er teils bis zu einem Meter weit über die Wasseroberfläche. Gelegentlich erbeutet er auch Frösche, Mäuse und kleine Vögel. Mit dieser rein räuberischen Lebensweise ist der Rapfen die Ausnahme unter unseren Karpfenfischen. Abgelaicht wird von April bis Juni an stark überströmten Stellen mit Kiesgrund. Die klebrigen Eier haften am Boden, die Larven bleiben für eine kurze Zeit im Kieslückensystem und driften dann flussabwärts.
AUSSEHEN Lang gestreckter, seitlich abgeflachter Körper, Kopf zugespitzt. Weites, leicht oberständiges Maul. Afterflosse deutlich eingebuchtet. Färbung: silbrig, mit gelblich-grünlichem Schimmer. Das Männchen zeigt dann einen kräftigen Laichausschlag. Länge: 40 bis 80 cm, max. bis 120 cm.

VORKOMMEN Mitteleuropa (ursprünglich ab Elbe und Eider) bis zum Kaspischen Meer und Ural. Durch Besatz westwärts verbreitet (z. B. Weser, Ems, Rhein).

Mairenke, Seelaube

Alburnus chalcoides – Karpfenfische (Cyprinidae)

WISSENSWERTES Ob die in den Alpenseen vorkommenden Populationen der Mairenke nur eine Standortform darstellen oder eine Unterart der auch im Donauraum vorkommemden Mairenken sind, wird seit Längerem diskutiert. Entsprechend wechselten in den letzten Jahren die wissenschaftlichen Namen (z. B. *Chalcalburnus chalcaloides mento*). Aktuell werden sie alle als eine einzige Art angesehen.

LEBENSWEISE Die Mairenke ist ein lebhafter Schwarmfisch, der sich vor allem von Zooplankton und Anfluginsekten ernährt. Zur Laichzeit von Mai bis Juni wandern die Tiere in die Zu- oder Abflüsse der Seen. Die Männchen tragen dann einen Laichausschlag. Das Ablaichen geschieht an flachen, kiesigen Stellen.

AUSSEHEN Körper schlank, lang gestreckt und seitlich abgeflacht. Maul oberständig, steil nach oben gerichtet und mit verdicktem Unterkiefer. Im Gegensatz zum ähnlichen Ukelei beginnt die Afterflosse ein wenig hinter dem Ende der Rückenflosse. Die ähnlichen Renken (Maränen) unterscheiden sich u. a. durch ihre Fettflosse. Färbung: Rücken grünlich grau, Seiten silbrig. Länge: 15 bis 35 cm, max. 45 cm.

VORKOMMEN Voralpen- und Alpenseen in Bayern und Österreich, zum Beispiel Ammer-, Starnberger-, Sims-, Chiem-, Mond-, Wolfgang-, Traun-, Grundl-, Wörtersee. Zudem Donaugebiet und nördliche Zuflüsse des Schwarzen und Asowschen Meers.

Moderlieschen

Leucaspius delineatus – Karpfenfische (Cyprinidae)

WISSENSWERTES Zuweilen tritt das Moderlieschen besonders in Kleingewässern nach Jahren sehr geringen Vorkommens plötzlich in Massen auf. Dieser explosionsartigen Vermehrung nach scheinbarer Abwesenheit verdankt es seinen Namen, einer Abwandlung von Mutterloseken oder Moderloseken (plattdeutsch für „mutterlos").

LEBENSWEISE Das Moderlieschen bewohnt stehende und langsam fließende, pflanzenreiche Gewässer. Der oberflächenorientierte Schwarmfisch hält sich bevorzugt zwischen Pflanzen der Uferzone auf und lebt von Zooplankton und Anflugnahrung. Zur Laichzeit entwickelt das Weibchen eine kurze Legeröhre und heftet die Eier in langen Bändern bevorzugt an Pflanzen. Das Gelege wird vom Männchen bewacht und betreut.

AUSSEHEN Gestreckter, seitlich leicht abgeflachter, schlanker Körper. Kleine, oberständige und steil nach oben gerichtete Maulspalte. Kurze, höchstens über 12 Schuppen reichende Seitenlinie. Färbung: silbrig, Rücken oft grünlich, an den Seiten ein mehr oder weniger deutlicher bläulicher Längsstreifen. Länge: 5 bis 8 cm, max. 12 cm.

VORKOMMEN Mitteleuropa vom Einzugsgebiet des Rheins bis zum Kaspischen Meer und zur Wolga.

Ukelei, Laube

Alburnus alburnus – Karpfenfische (Cyprinidae)

WISSENSWERTES Wegen seines grätenreichen und trockenen Fleisches hat der Ukelei als Speisefisch praktisch keine Bedeutung. Früher wurde er dennoch in Massen gefangen und als Dünger und Tierfutter verwendet. Zudem gewann man aus seinen Schuppen das sogenannte Fischsilber, ein Pigment, das durch mehrfache Reflexion einen weichen Glanzeffekt bewirkt und zur Herstellung von Kunstperlen, glänzenden Knöpfen und Nagellack verwendet wurde. Es war das erste Perlglanzpigment, heute ist es längst durch zahlreiche synthetische Produkte mit oftmals besseren Eigenschaften ersetzt.

LEBENSWEISE Der Ukelei ist ein lebhafter, scheuer Schwarmfisch. Er kommt in langsam fließenden Gewässern und in Seen vor, auch im Brackwasser der Meereszuflüsse. Bevorzugt schwimmt er nahe der Wasseroberfläche, in Ufernähe wie im Freiwasser. Nur im Winter werden tiefere Stellen aufgesucht. Als Nahrung dienen ihm vor allem Zooplankton und Anfluginsekten. Das Ablaichen erfolgt von April bis Juni in teils großen Schwärmen an flachen Uferstellen. Die klebrigen Eier haften an Steinen, Wurzelwerk oder Wasserpflanzen.

AUSSEHEN Schlanker, lang gestreckter und seitlich abgeflachter Körper. Oberständiges, steil nach oben gerichtetes Maul. Vollständige Seitenlinie (im Unterschied zum ähnlichen Moderlieschen). Die Af-

terflosse ist deutlich länger als die Rückenflosse (im Unterschied zum ähnlichen Blaubandbärtling). Schuppenloser Kiel auf der Bauchseite zwischen Bauch und Afterflosse. Färbung: Rücken mit grau grünlichen, teils auch messingfarbener Tönung, Flanken und Bauch silbrig glänzend. Länge: 10 bis 20 cm, max. 25 cm.

VORKOMMEN Von Mitteleuropa nördlich der Pyrenäen und Alpen bis zum Ural.

Barbe, Flussbarbe

Barbus barbus – Karpfenfische (Cyprinidae)

WISSENSWERTES Die Barbe ist ein beliebter Angel- und wohlschmeckender Speisefisch. Der Rogen darf jedoch nicht verzehrt werden: Er enthält ein Gift, das Übelkeit und Brechdurchfall verursacht.

LEBENSWEISE Die Barbe bevorzugt klare, sauerstoffreiche Fließgewässer mit Sand- oder Kiesgrund. Sie ist die Leitart im Mittellauf der Flüsse und gab dieser Strecke ihren Namen: die Barbenregion. Seltener kommt sie auch in Seen vor. Der gesellige Grundfisch hält sich tagsüber gewöhnlich versteckt – zwischen Geröll, versunkenem Astwerk oder in künstlichen Unterständen wie unter Wehren oder hinter Brückenpfeilern. Mit der Dämmerung geht sie auf Nahrungssuche, wobei sie Insektenlarven, Schnecken, Würmer, Muscheln sowie Pflanzenteile und auch kleine Fische frisst. Zur Winterruhe suchen Barben tiefere, strömungsberuhigte Stellen auf. Von Mai bis Juli ziehen die laichbereiten Tiere in Schwärmen teils große Strecken flussaufwärts. Männchen zeigen dann einen starken Laichausschlag. Die klebrigen Eier werden an flachen, überströmten Kiesbänken abgelegt. Nach dem Schlüpfen verbleiben die lichtscheuen Larven im Kieslückensystem bis zur Aufzehrung ihres Dottervorrats.

AUSSEHEN Schlanker Körper, lang gestreckt, bauchseitig abgeplattet. Lange Schnauze mit unterständigem Maul, wulstigen Lippen und 4 Barteln an der Oberlippe. Zur Un-

terscheidung: Gerade junge Gründlinge sehen der Barbe ähnlich, sie haben jedoch nur 2 Barteln. Färbung: bräunlich bis grünlich mit Messingglanz. Eine gelbliche Farbvarietät dieser Art ist als Goldbarbe bekannt. Länge: 30 bis 50 cm, selten bis 90 cm.

VORKOMMEN West- und Mitteleuropa nördlich der Pyrenäen und Alpen bis zum Schwarzmeergebiet.

Nase

Chondrostoma nasus – Karpfenfische (Cyprinidae)

WISSENSWERTES Früher umfassten die Laichzüge der Nase riesige Schwärme, wobei die Tiere teils massenhaft gefangen wurden. Die Bestände erlitten massive Einbrüche durch Verbauung von Fließgewässern wie Kanalisierung und Dammbauten, die Laichplätze vernichten und Wanderhindernisse darstellen. So gilt die Nase, einstmals einer der häufigsten Flussfische, heute als stark gefährdet.

LEBENSWEISE Nasen sind gesellige, bodenorientierte Bewohner vor allem von schnell fließenden Gewässern (Barben- und Äschenregion). Nur sehr selten sind sie auch in Seen anzutreffen. Ihre Nahrung besteht aus Algenaufwuchs – mitsamt darin befindlichen Kleintieren –, den sie mit der verhornten, scharfkantigen Unterlippe abschaben. Zur Laichzeit im März bis Mai steigen sie in Schwärmen flussaufwärts, dringen dabei auch in kleine Nebenflüsse oder Wildbäche vor. Das Ablaichen geschieht an sehr seichten, stark strömenden Stellen mit kiesigem bis grobsteinigem Grund, an dem die klebrigen Eier haften bleiben. Nasen überwintern in Gruppen an tieferen, strömungsberuhigten Stellen.

AUSSEHEN Lang gestreckter, seitlich leicht abgeflachter Körper. Stumpfe, weit vorstehende Schnauze („Nase") mit stark unterständigem Maul. Unterlippe mit hornigem Überzug und scharfkantigem Rand. Färbung: Rücken gräulich, Seiten

silbrig, Bauch weiß. Zur Laichzeit vertiefen sich die Farben, Rücken und Seiten dann sehr dunkel und beide Geschlechter mit Laichausschlag. Länge: 25 bis 40 cm, max. 60 cm.

VORKOMMEN Mitteleuropa von der Loire und Rhone bis zum Ural.

Schneider

Alburnoides bipunctatus – Karpfenfische (Cyprinidae)

WISSENSWERTES Die Bestände des Schneiders sind in den letzten Jahrzehnten stark zurückgegangen. Rückgang geeigneter Lebensräume, Gewässerverschmutzung, Verschlammung von Laichgründen gehören zu den Ursachen. Zuletzt, wohl besonders durch die generell verbesserte Wasserqualität, konnte in manchen Gebieten eine Wiederbesiedlung festgestellt werden. Trotz einer wohl allgemeinen Bestandserholung ist die Art immer noch stark gefährdet.

LEBENSWEISE Der Schneider bevorzugt strömungsberuhigte Bereiche klarer, sauerstoffreicher Fließgewässer. Selten lebt er auch in Seen. Der gesellige Schwarmfisch hält sich gern in Bodennähe auf. Als Nahrung dienen ihm wirbellose Bodentiere wie Insektenlarven sowie gelegentlich auch Anfluginsekten. Von Mai bis Juni laicht er an flachen, überströmten Stellen mit Kiesgrund ab, an dem die klebrigen Eier haften.

AUSSEHEN Leicht hochrückiger, seitlich abgeflachter Körper. Endständiges Maul. Ober- und unterhalb der Seitenlinie je eine Reihe schwarzer Punkte. Dieser einer Doppelnaht ähnelnden Pigmentierung verdankt die Art ihren Namen. Färbung: Rücken messingfarben bis graugrün, Seiten silbrig. Ansatz von Brust-, Bauch- und Afterflosse orange. Besonders zur Laichzeit mit dunklem Längsband über der Seitenline. Länge: 7 bis 14 cm, max. 16 cm.

VORKOMMEN Von Frankreich bis zum Kaspischen Meer in Asien. Fehlt westlich der Pyrenäen und südlich der Alpen sowie auf den Britischen Inseln und Skandinavien.

SCHNEIDER ODER STRÖMER?
Schneider: Endständiges Maul, lange Afterflossenbasis, Afterflosse beginnt unter der Rückenflosse
Strömer: Unterständiges Maul, Afterflossenbasis kurz, Afterflosse beginnt hinter der Rückenflosse

Elritze

Phoxinus phoxinus – Karpfenfische (Cyprinidae)

WISSENSWERTES Der Verhaltensforscher und Nobelpreisträger Karl von Frisch hatte Elritzen eingehend untersucht. Es konnte gezeigt werden, dass für den Zusammenhalt eines Elritzenschwarms vor allem chemische Signalstoffe verantwortlich sind, die die Tiere über ihre Haut ins Wasser abgeben. Die Schreckreaktion, wie sie auch andere Karpfenartige zeigen, wurde ebenfalls an Elritzen entdeckt. Fällt eine Elritze einem Räuber zum Opfer, gibt sie Alarmstoffe ab, die ihre Artgenossen kurzfristig zu einem vorsichtigen Verhalten veranlassen.

LEBENSWEISE Elritzen sind oberflächenorientierte, lebhafte und flinke Schwarmfische. Nur nachts sondern sie sich vom Schwarm ab. Meist sind sie im oberen Einmeterbereich zu beobachten. Als Nahrung dienen ihnen neben Anfluginsekten auch kleine Bodentiere wie Insektenlarven und Kleinkrebse sowie gelegentlich Algen. Zwischen April und Mai ziehen die laichbereiten Tiere in oft großen Schwärmen kurze Strecken flussaufwärts, um an flachen, kiesigen Stellen abzulaichen. In Seen als Wohngewässer suchen sie entsprechende Uferbereiche auf. Die klebrigen Eier haften am Substrat. Die innerhalb einer Woche schlüpfenden Larven sind lichtscheu und halten sich die ersten Tage zwischen Steinchen versteckt. Elritzen dienen u. a. Forellen, Saiblingen und Quappen als Nahrung.

AUSSEHEN Körper lang gestreckt,

fast zylindrisch, nur zum Schwanz hin seitlich abgeflacht. Sehr kleine Schuppen. Kleines, endständiges Maul. Seitenlinie unvollständig, meist nur bis zur Körpermitte. Rücken meist graugrünlich mit undeutlichen, dunklen Querbinden bis zur Seitenmitte und einem goldglänzenden Längsband. Zur Laichzeit mit roter Unterseite, besonders im Bereich der Flossenansätze, und intensivem Grün an der Flanke. Größe 7 bis 10 cm, max. 14 cm.

VORKOMMEN Von Nordspanien über fast ganz Europa und weite Teile Asiens.

Bitterling

Rhodeus amarus – Karpfenfische (Cyprinidae)

WISSENSWERTES Bitterlinge haben unter allen europäischen Süßwasserfischen eine einmalige Fortpflanzungsstrategie: Sie legen ihre Eier in Großmuscheln ab, wodurch ihr Nachwuchs vor Fressfeinden geschützt heranreifen kann.

LEBENSWEISE Der gesellige Fisch bevorzugt stehende und langsam fließende Gewässer mit pflanzenreichen Uferregionen und sandigem oder leicht schlammigem Grund. Als Nahrung dienen ihm Algen, Pflanzenteile und wirbellose Kleintiere wie Insektenlarven, Würmer und Kleinkrebse. Zur Laichzeit besetzt das Männchen ein kleines Revier rund um eine Großmuschel und das Weibchen entwickelt eine mehrere Zentimeter lange, flexible Legeröhre. Diese führt es in die Ausströmöffnung der Muschel und legt höchstens einige wenige Eier ab. Das Männchen stößt sein Sperma über der Einströmöffnung der Muschel aus, so dass es mit dem Atemwasser zu den abgelegten Eiern gelangt. Dieser Laichakt an dieser Muschel wird mehrmals mit demselben oder einem anderen Weibchen wiederholt. Das Weibchen verteilt seine Eier stets auf mehrere Muscheln. Nach 2 bis 3 Wochen schlüpfen die Larven. Sie bleiben in der Muschel und verlassen sie erst, wenn sie mit etwa 1 cm Länge schwimmfähig geworden sind. Bei dem Verhältnis Muschel – Bitterling handelt es sich nicht wie früher vermutet um eine Symbiose. Vielmehr profitiert nur

der Bitterling (Schutz der Larven in der Mantelhöhle der Muschel), während die Muschel keinerlei Vorteil hat, und vielleicht während der Brutdauer sogar Stress und Wachstumshemmung zeigt.

AUSSEHEN Seitlich sehr abgeflachter, hochrückiger Körper. Kleines, endständiges Maul. Kurze, nur über 5 bis 6 Schuppen reichende Seitenlinie. Färbung: hellgrau bis silbrig, Rücken dunkler. Blaugrüner Längsstreifen von der Schwanzwurzel etwa bis Körpermitte. Männchen zur Laichzeit mit Laichausschlag auf der Schnauze und intensiv schillerndem Farbkleid. Länge 5 bis 6 cm, max. 9 cm.

VORKOMMEN Von Nordostfrankreich über Mitteleuropa bis in Teile Osteuropas.

Blaubandbärbling

Pseudorasbora parva – Karpfenfische (Cyprinidae)

WISSENSWERTES Dieser in Asien heimische Kleinfisch wurde erst Anfang der 1960er-Jahre in Osteuropa eingeführt, hat sich von dort bis nach Westeuropa ausgebreitet und ist heute in zahlreichen Gewässern anzutreffen. In Deutschland wurde er erstmalig 1984 in einem Nebenfluss der Saale nachgewiesen.

LEBENSWEISE Zur Nahrung dieser geselligen Fische gehören neben Zooplankton auch verschiedene Kleintiere des Bodens und Fischeier. Sie haben eine sehr hohe Fortpflanzungsrate. Meist werden sie schon im ersten Lebensjahr geschlechtsreif und die Weibchen können dreimal im Jahr laichen. Die Eier werden in kurzen Ketten zum Beispiel an Steine oder Wasserpflanzen abgelegt. Die Männchen bewachen das Gelege bis zum Schlupf der Larven.

AUSSEHEN Lang gestreckter, schlanker, leicht hochrückiger Körper. Kopf oberseits abgeflacht. Oberständige, steil nach oben gerichtete Maulspalte. Färbung: beige bis grünlich grau, dabei silbrig glänzend, besonders bei Jungtieren, mit dem Alter werden sie dunkler. Oft erscheinen sie netzartig gefleckt, was von den dunklen Flecken am Hinterrand der relativ großen Schuppen rührt. Das namensgebende blaue Längsband entlang der Seiten wird im Alter blasser. Länge: 7 bis 9 cm, max. 11 cm.

VORKOMMEN Der Blaubandbärbling bewohnt sehr verschiedene stehende und fließende Gewässer, wie

Seen, Kanäle, Fischteiche, Talsperren, geflutete Sandgruben, Kleingewässer ebenso wie große Flüsse. Diese hohe Anpassungsfähigkeit ist einer der Gründe für seine erfolgreiche Ausbreitung.

Steingressling

Romanogobio uranoscopus – Karpfenfische (Cyprinidae)

WISSENSWERTES Auch wenn er nie in hohen Dichten auftrat, kam der Steingressling noch Anfang letzten Jahrhunderts häufiger vor, galt sogar als hochpreisige Delikatesse. Heute ist er hochgradig vom Aussterben bedroht, und regional ist er bereits ausgestorben. Da macht es Hoffnung, dass zum Beispiel Ende 2009 erstmals seit über 100 Jahren ein Reliktbestand von Steingresslingen im Lech in Bayern entdeckt wurde.

LEBENSWEISE Der Steingressling benötigt sauberes, sauerstoffreiches Wasser. Er bevorzugt beströmte Bereiche mit steinigem Grund. Als ausgesprochener Grundfisch ernährt er sich vor allem von Kleintieren des Bodens wie Insektenlarven und Würmer. Das Ablaichen geschieht von Mai bis Juni über gut beströmten, seichten, kiesigen Stellen. Die Eier verdriften, sinken ab und bleiben am Substrat haften.

AUSSEHEN Spindelförmiger, lang gestreckter Körper mit langem, dünnem Schwanzstiel. Abgeflachter Kopf mit schräg nach oben gerichteten Augen (*uranoscopus* bedeutet „Himmelsgucker"). Unterständiges Maul mit zwei langen Barteln, die angelegt bis hinter die Augen reichen. Relativ große Brustflossen. Färbung je nach Untergrund seines Lebensraumes variabel: Oberseite meist graubraun bis dunkelgrau, oft mit drei bis fünf dunkleren Sattelbinden auf dem Rücken. Länge: 8 bis 12 cm, max. 15 cm.

VORKOMMEN In der Barben- und Äschenregion im Einzugsgebiet der Donau.

GRÜNDLING ODER STEINGRESSLING?
Beim Gründling (oben) sind die Barteln relativ kurz, beim Steingressling (unten) lang. Zudem ist der Steingressling viel schlanker und seine Augen stehen mehr an der Oberseite des Kopfes. Im Vergleich zu anderen Gründlingsarten hat der Steingressling deutlich vergrößerte Brustflossen und die lange spitze Schnauze.

Gründling

Gobio gobio – Karpfenfische (Cyprinidae)

LEBENSWEISE Gründlinge sind gesellig lebende, oft in kleinen Gruppen oder Schwärmen auftretende, tagaktive Grundfische. Sie kommen in langsam bis schneller fließenden Gewässern und Uferregionen von Seen vor, gern auf Sand- und Kiesgrund, doch auch im Brackwasser von Flussmündungen. Die Art ernährt sich von wirbellosen Kleintieren des Gewässerbodens, daneben auch Algen und gelegentlich Aas. Auf der Flucht vor Fressfeinden, zu denen Aal, Hecht, Barsch, Barben und Salmoniden gehören, kann er sich mit dem ganzen Körper in geeigneten Untergrund bohren. Das Ablaichen erfolgt von Mai bis Juni, Männchen tragen dann einen feinkörnigen Laichausschlag. Die Eier werden im Flachwasser an Steinen oder Wasserpflanzen abgelegt.
AUSSEHEN Körper lang gestreckt, im Querschnitt rundlich, nur am Schwanz seitlich abgeflacht. Unterständiges Maul mit zwei kurzen Barteln, die zurückgelegt max. bis zur Augenmitte reichen. Färbung: bräunlich, entlang der Seiten mit einer Reihe unregelmäßiger dunkler, oft bläulich schimmernder Flecken. Rücken und Schwanzflosse deutlich mit unregelmäßigen dunklen Flecken und Strichen pigmentiert. Länge: 10 bis 15 cm, max. 20 cm.
VORKOMMEN Von Flusssystemen des Atlantiks wie das der Loire über Mittel- bis Osteuropa.

Weißflossen-Gründling

Gobio albipinnatus – Karpfenfische (Cyprinidae)

LEBENSWEISE Der Weißflossen-Gründling bewohnt meist größere, nicht zu schnell fließende Flussabschnitte, wie etwa die Barben- und Brassenregion. Er verträgt jedoch auch höhere Strömungsgeschwindigkeiten (mindestens bis 75 cm/s) und kommt so auch in kleineren Wildbächen vor. Zur Laichzeit von Mai bis Juli legt das Weibchen die Eier portionsweise in etwa einwöchigen Intervallen über sandigen bis kiesigen Grund ab.

AUSSEHEN Körper lang gestreckt, unterständiges Maul mit 2 Barteln, die zurückgelegt bis zu Augenmitte reichen. Rücken-, Brust- und Schwanzflosse sind nicht pigmentiert oder nur sehr schwach (im Unterschied zum Gründling, bei dem diese Flossen mit Flecken oder kurzen Streifen pigmentiert sind).

VORKOMMEN Vom Ural im Osten, Wolga, Einzugsgebiet von Kaspischem und Schwarzem Meer bis in die österreichischen und deutschen Donauabschnitte. Zudem u. a. mit der Oder im Einzugsgebiet der Ostsee und mit Rhein und Elbe im Einzugsgebiet der Nordsee.

Marmorkarpfen

Hypophthalmichthys nobilis – Karpfenfische (Cyprinidae)

WISSENSWERTES Der Marmorkarpfen wurde in den 1950er-/1960er-Jahren zur Bekämpfung von übermäßigem Algenwachstum in Europa eingeführt. Doch es stellte sich heraus, dass er statt Phytoplankton hauptsächlich Zooplankton frisst. Die Art sollte aus ökologischen Gründen nicht weiter ausgesetzt werden.

LEBENSWEISE Der Marmorkarpfen filtert mit seinem Kiemenreusenapparat Zooplankton aus dem Wasser. Er benötigt zur Fortpflanzung Temperaturen von 25 bis 30 Grad – für eine natürliche Fortpflanzung fehlen ihm daher bei uns die notwendigen klimatischen Voraussetzungen. Die meisten nördlichen Populationen dürften auf natürliche Weise verschwinden. Nur die Bestände in Südosteuropa sind fortpflanzungs- und damit dauerhaft überlebensfähig.

AUSSEHEN Gestreckter, leicht hochrückiger, seitlich abgeflachter Körper. Kleine Schuppen. Großer Kopf mit oberständigem Maul. Die Augen liegen unterhalb der Maulspalte. Bauchseite nur zwischen Bauchflossen und Afterflosse gekielt. Färbung: silbrig grau bis bräunlich-grünlich. Länge in unseren Gewässern: 70 bis 100 cm, max. 140 cm.

VORKOMMEN Der Marmorkarpfen kommt bei uns durch Besatz nur fleckenhaft vor. Meist wurde er in natürlichen Seen und Stauseen eingeführt.

Graskarpfen, Weißer Amur

Ctenopharyngodon idella – Karpfenfische (Cyprinidae)

WISSENSWERTES Der aus Ostasien stammende Fisch wurde bei uns in den 1960er-Jahren ausgesetzt. Er sollte die wegen Überdüngung in vielen Gewässern unerwünscht stark wachsenden Wasserpflanzenbestände ausdünnen. Was als „natürliche, biologische Entkrautung" geplant war, zeigte jedoch meist negative Auswirkungen. So fraßen die Tiere z. B. in österreichischen Seen gleich ganze Schilfbestände weg. Ein zu dichter Besatz dieser Fische kann zum vollständigen Verschwinden von Unterwasserpflanzen führen. In nicht wenigen Seen gingen die Tiere nach dem Kahlfraß im Gewässer auch an Uferpflanzen, darunter der geschützte Rohrkolben. In anderen Seen wurde das Wasser trüber. Denn die Graskarpfen schieden beträchtliche Kotwolken aus und es entwickelten sich vermehrt Planktonalgen, während höhere Unterwasserpflanzen zurückgedrängt wurden. So hat sich die Einschätzung des Nutzens des Graskarpfens längst gewandelt. Aus Gründen des Naturschutzes wird vom weiteren Aussetzen dieser Tiere nicht nur abgeraten, es ist in vielen Bundesländern auch verboten.

LEBENSWEISE Soweit bekannt, pflanzt sich der Graskarpfen als wärmeliebende Art in mitteleuropäischen Gewässern nicht fort. Graskarpfen können bis über 50 kg Gewicht erreichen und an einem Tag deutlich mehr als das eigene Körpergewicht an Wasserpflanzen vertilgen.

AUSSEHEN Lang gestreckter Körper mit breitem, abgeflachtem Kopf. Leicht unterständiges Maul. Große, dunkel gerandete Schuppen, Körper dadurch netzartig gezeichnet. Dieses Netzmuster ähnelt dem des Döbels, doch dieser hat ein großes, endständiges Maul. Färbung: silbrig, Rücken dunkler. Länge: meist bis 80 cm, max. 120 cm.
VORKOMMEN Bei uns durch Besatz sehr fleckenhaftes Vorkommen in fließenden und stehenden, vor allem pflanzenreichen Gewässern. In seiner ostasiatischen Heimat bevorzugt er große, warme Flüsse und deren Nebengewässer. Da er in China schon seit Jahrhunderten als Teichfisch gehalten wird und so künstlich verbreitet wurde, ist sein ursprüngliches Verbreitungsgebiet kaum mehr festzustellen.

Silberkarpfen, Tolstolob

Hypophthalmichthys molitrix – Karpfenfische (Cyprinidae)

WISSENSWERTES Bei uns wurde der aus China stammende Silberkarpfen in den 1950er-/1960er-Jahren in Europa eingeführt. Man setzte ihn in nährstoffbelastete Seen aus, in der Hoffnung, so die übermäßige Algenentwicklung eindämmen zu können. Generell hat dies jedoch kaum etwas gebracht, die erhofften Auswirkungen auf die Wasserqualität blieben vernachlässigbar. Zudem wurde er in der Teichwirtschaft genutzt. Als Speisefisch mit fettarmem, wohlschmeckendem Fleisch wird er gebietsweise auch heute noch in Aquakultur gehalten.
LEBENSWEISE Silberkarpfen ernähren sich überwiegend von Planktonalgen, die sie mit ihrem Kiemenreusenapparat aus dem Wasser filtern. Der Silberkarpfen wurde in seiner Heimat China bereits vor etwa 1000 Jahren in Zucht genommen. Er laicht nahe der Wasseroberfläche (Freiwasserlaicher). Die Eier driften frei schwebend in Flüssen oft weite Strecken stromabwärts. Zunächst ernähren sich die Jungtiere von Zooplankton, ab einer Länge von 5 cm gehen sie über zu Phytoplankton. Unter den klimatischen Bedingungen Mitteleuropas pflanzt sich der Silberkarpfen nicht fort, wohl aber in Süd- und Südosteuropa. Wo er bei uns in Seen vorkommt, hält er sich gern in kleinen Gruppen auf, gegen Abend ruht er öfter auf dem Grund.
AUSSEHEN Mäßig gestreckter, seitlich abgeflachter Körper. Kleine Schuppen. Großer Kopf mit ober-

ständigem Maul. Die Augen liegen tief, im Gegensatz zum Marmorkarpfen jedoch nicht unterhalb, sondern in Höhe der Maulspalte. Bauchseits von den Kiemenspalten bis bis zur Afterflosse schuppenlos gekielt. Färbung: zunächst silbern, später mehr grau. Länge: 60 bis 80 cm, max. 100 cm.

VORKOMMEN Ursprünglich Asien (China). Durch Besatz heute auch in Mittel- und Osteuropa verbreitet.

Zährte, Rußnase

Vimba vimba – Karpfenfische (Cyprinidae)

WISSENSWERTES In verschiedenen Voralpenseen Südbayerns sowie in Seen Oberösterreichs lebt eine nah verwandte Art, der See- oder Steinrüssling (Vimba elongata). Er ist kleiner, schlanker und hat eine kürzere Nase.

LEBENSWEISE Die Zährte bewohnt größere Flüsse, besonders mittlere Abschnitte (Barben- und Brassenregion), daneben auch Seen und Brackwasser. Die Tiere leben gesellig und in Bodennähe. Als Nahrung dienen ihnen Kleintiere wie Schnecken, Würmer, Kleinkrebse und Insektenlarven, die sie aus dem weichen Grund wühlen. Der Laich wird in den Monaten Mai bis Juli an flachen, kiesigen oder pflanzenbestandenen Stellen abgelegt, wozu teilweise weitere Strecken stromaufwärts zurückgelegt werden. Früher in großer Zahl während der Laichwanderungen gefangen, gilt die Art heute als gefährdet.

AUSSEHEN Gestreckter, seitlich abgeflachter Körper. Kegelförmige, nasenartig vorstehende fleischige Schnauze. Maul unterständig und hufeisenförmig (im Gegensatz zur ähnlichen Nase). Im Vergleich zu dieser besitzt die Zährte auch eine deutlich längere Afterflosse. Färbung: Rücken dunkelgrau bis bläulich grau, einschließlich der Schnauze (Rußnase!), Seiten silbrig aufhellend. Männchen zur Laichzeit intensiv gefärbt: Rücken dunkelgrau, Bauchseite orangerot. Länge: 20 bis 40 cm, max. bis 50 cm.

VORKOMMEN Mit mehreren geografischen Rassen ursprünglich von Mitteleuropa (Ems, Weser, Elbe sowie Donau) ostwärts bis zum Schwarzen Meer, Kaspischen Meer und Ural. Über Besatz auch westlich (Rhein, Mosel) der natürlichen Verbreitung eingeschleppt.

Bachschmerle, Bartgrundel

Barbatula barbatula – Bachschmerlen (Nemacheilidae)

LEBENSWEISE Die Bachschmerle bewohnt klare, flache Fließgewässer und Uferregionen sauberer Seen, bevorzugt Areale mit steinig bis sandig-kiesigem Grund. Tagsüber ist sie meist unter Steinen oder zwischen Pflanzen versteckt, wohin sie auch bei Gefahr flüchtet. Sie schwimmt generell keine größeren Strecken und selbst wenn sie gestört wird, macht sie nur einen kleinen Satz, um sich gleich wieder auf den Grund zu legen. Sie frisst Insektenlarven, Kleinkrebse und Würmer, daneben auch Fischlaich. Zur Paarungszeit (März bis Mai) legt das Weibchen die klebrigen Eier nachts portionsweise an sauberen Steinen ab. Das Männchen bewacht das Gelege bis zum Schlüpfen der Brut.

AUSSEHEN Lang gestreckter, walzenförmiger Körper. Abgeflachter Kopf mit unterständigem Maul. Oberlippe mit 6 langen Barteln. (Zur Unterscheidung: der Steinbeißer hat 6 sehr kurze Barteln, Gründling und Steingressling je 2 und der Schlammpeitzger 10 Barteln.) Färbung variabel, dem Untergrund angepasst, meist sandfarben, grau oder bräunlich, mit dunkler Marmorierung. Länge meist bis 12 cm, selten über 16 cm.

VORKOMMEN West-, Mittel- und Osteuropa bis nach Asien.

Schlammpeitzger

Misgurnus fossilis – Schmerlen (Cobitidae)

WISSENSWERTES Der Schlammpeitzger ist hervorragend angepasst an eutrophe Gewässer mit extremen Bedingungen wie hohe Wassertemperaturen, zeitweilige Austrocknung, Sauerstoffdefizite und dicker Faulschlammschicht. Neben der Kiemenatmung verfügt er über eine ausgeprägte Hautatmung. Zudem kann er mit dem Darm atmen, wozu er an der Wasseroberfläche Luft schluckt und den Sauerstoff über die Darmschleimhaut aufnimmt. Durch Zerstörung zahlreicher Kleingewässer ist die Art stark gefährdet.
LEBENSWEISE Der dämmerungs- und nachtaktive Fisch bewohnt flache, stehende und langsam fließende Gewässer mit schlammigem Grund. Tagsüber verbirgt er sich meist zwischen Pflanzen, Wurzeln oder eingegraben im Boden. Er frisst kleine Bodentiere wie Schnecken, Würmer, Muscheln, Krebse und Insektenlarven. Zur Laichzeit von April bis Juni werden die Eier an Wasserpflanzen und Wurzelwerk abgelegt.
AUSSEHEN Sehr langgestreckter Körper, fast drehrund, im hinteren Teil seitlich abgeflacht. Kleines unterständiges Maul mit 6 längeren Barteln am Ober- und 4 kürzeren Barteln am Unterkiefer. Färbung: hellbraun mit dunkelbraunen Längsbändern und vielen Tupfern.
Länge: 15 bis 25 cm, max. 30 cm.
VORKOMMEN Von Nordostfrankreich bis etwa zum Einzugsgebiet der Wolga.

Steinbeißer

Cobitis taenia – Schmerlen (Cobitidae)

WISSENSWERTES Der Steinbeißer kann zeitweise starken Sauerstoffmangel in seinem Wohngewässer überleben und dabei aktiv bleiben. Er steigt zum Luftschnappen kurz an die Oberfläche und kann anschließend den Sauerstoff aus der geschluckten Luft über Darmatmung aufnehmen.

LEBENSWEISE Steinbeißer sind stationäre, vorwiegend dämmerungs- und nachtaktive Bodenbewohner. Den Tag verbringen sie meist bis zum Kopf im Boden eingegraben. Mit einbrechender Dunkelheit werden sie lebhaft und durchwühlen den Boden nach Nahrung, zu der Kleinkrebse, kleine Würmer und Detritus gehören. Dazu durchkauen sie den Bodengrund und stoßen den dabei aufgenommenen Sand durch die Kiemenöffnungen wieder aus (daher „Steinbeißer"). Von April bis Juli werden die klebrigen Eier über dem Grund abgelegt.

AUSSEHEN Sehr lang gestreckter, seitlich stark abgeflachter Körper. Unterständiges Maul mit sechs kurzen Barteln an der Oberlippe. Sehr kleine Schuppen. Unterhalb des Auges ein aufrichtbarer, zweispitziger Dorn. Färbung: meist gelbbraun mit dunkler Marmorierung und Längsreihen dunkler Flecke. Länge: 5 bis 10 cm, max. 12 cm.

VORKOMMEN Fast ganz Europa bis Asien, mehrere Unterarten.

Quappe, Rutte, Aalrutte, Trüsche

Lota lota – Dorschartige (Gadiformes), Familie Lotidae

WISSENSWERTES Die Gruppe der Dorschartigen umfasst mehrere Fischfamilien, die sämtlich im Meer leben – mit nur einer Ausnahme: Die Quappe, aus der Familie Lotidae, ist unter allen Dorschartigen die einzige im Süßwasser lebende Art.

LEBENSWEISE Die Quappe bewohnt Seen und fließende Gewässer von der Forellenregion bis zum Brackwasser der Flussmündungen. Dabei bevorzugt sie jedoch kühles, klares und sauerstoffreiches Wasser. Auch in der Alpenregion ist sie bis etwa 1200 m Höhe vertreten. Tagsüber hält sich der dämmerungs- und nachtaktive Bodenfisch unter Steinen, zwischen Pflanzen oder anderen Unterständen verborgen. In Seen dringt er dann auch bis in größere Tiefen vor (im Bodensee bis über 200 m). Bei ihren nächtlichen Streifzügen fressen Jungfische vor allem wirbellose Kleintiere, Erwachsene dagegen fast ausschließlich Fische, daneben auch Fischlaich. Als typischer Winterlaicher pflanzt sich die Quappe zwischen November und März fort. Abgelaicht wird an sandig kiesigen Stellen, teils nach stromaufwärts gerichteten Wanderungen oder bei Seepopulationen im Heimatgewässer. Die sehr zahlreichen Eier (bis zu 1 Million pro kg Körpergewicht des Weibchens) enthalten ein Ölkügelchen, wodurch sie weit verdriftet werden können. Die Larven schlüpfen erst nach 6 bis 10 Wochen und ernähren sich zunächst von Zooplankton. Die Quap-

pe zählt in Deutschland zu den stark gefährdeten Arten.

AUSSEHEN Lang gestreckter Körper, vorn walzenförmig, hinten seitlich zusammengedrückt. Breiter, abgeplatteter Kopf mit weitem, leicht unterständigem Maul mit feinen Hechelzähnen. Kehlständige Bauchflossen, setzen noch vor den Brustflossen an. Zweite Rückenflosse und Afterflosse sehr lang. Ein Bartfaden am Unterkiefer, zwei sehr kurze Barteln an den Nasenöffnungen. Färbung: hellbraun bis ocker oder graugrün, jeweils mit dunkler Marmorierung. Länge: 30 bis 60 cm, max. 120 cm.

VORKOMMEN Europa nördlich der Pyrenäen und des Balkans über Osteuropa bis Sibirien.

Groppe, Koppe

Cottus gobio – Groppen (Cottidae)

WISSENSWERTES Die Groppe zeigt eine hohe Empfindlichkeit gegenüber Gewässerverunreinigungen. Auf gewässerbauliche Maßnahmen reagiert sie ebenfalls sehr sensibel, da sie einen reich strukturierten Gewässergrund mit ausreichend Schlupfwinkeln und Laichplätzen benötigt. Eine Nahrungskonkurrenz zur Bachforelle besteht im Gegensatz zu früheren Annahmen nicht. Vielmehr ist die Groppe für die Lachsfische ein begehrter Beutefisch. Groppen können sich meisterhaft dem Untergrund anpassen. Je nachdem ob sie auf sandigem oder kiesigem Untergrund stehen, nehmen sie eine helle Färbung mit dunklen Flecken oder ein gräuliches Farbmuster an.

LEBENSWEISE Die Groppe bewohnt sauerstoffreiche, saubere und klare Fließgewässer und Seen. Dabei bevorzugt sie steinigen bis sandigen Grund. In Fließgewässern ist die Groppe typischer Begleitfisch der Forellenregion. Der stationäre Grundfisch ist überwiegend dämmerungs- und nachtaktiv. Tagsüber hält er sich meist unter Steinen oder Wurzeln versteckt. Er hat keine Schwimmblase und zeigt eine charakteristische, auf die kräftigen Brustflossen gestützte, robbende Fortbewegung über den Grund. Die Groppe frisst kleine Bodentiere wie Insektenlarven, Würmer und Bachflohkrebse, daneben auch Fischlaich und -brut. Die Laichzeit liegt zwischen Februar und Mai. An einer

vom Männchen vorbereiteten Stelle, einer Laichgrube zwischen Steinen oder an der Unterseite eines hohl liegenden Steins, legt das Weibchen die klebrigen Eier ab. Das Männchen bewacht und befächelt das Gelege, bis die Brut nach 4 bis 6 Wochen schlüpft.

AUSSEHEN Keulenförmiger, schuppenloser Körper mit abgeflachtem, breitem Kopf. Weites, endständiges Maul. Große Brustflossen, die vordere Rückenflosse kürzer als die hintere, Bauchflossen brustständig. Kiemendeckel mit nach hinten gekrümmtem Dorn. Färbung: variabel, vom Untergrund abhängig, typischerweise gräulich, ocker oder braun mit unregelmäßiger Fleckung. Länge 10 bis 15 cm, max. 18 cm.

VORKOMMEN Westeuropa von den Pyrenäen bis zum Ural. In den Alpen bis 2200 m Höhe. Auch im Brackwasser der Ostsee.

Flussbarsch

Perca fluviatilis – Echte Barsche (Percidae)

WISSENSWERTES In Abhängigkeit vom Aufenthaltsort lassen sich beim Flussbarsch drei Modifikationen unterscheiden: in pflanzenbestandenen Uferbereichen der lebhaft gefärbte „Krautbarsch", im Freiwasser der blasse „Tiefenbarsch" und in tieferen Gewässerzonen der dunkel gefärbte „Tiefenbarsch".

LEBENSWEISE Als sehr anpassungsfähige Art bewohnt der Flussbarsch zahlreiche Gewässertypen, vom Brackwasser der Ostsee bis zu Gebirgsseen. In Fließgewässern bevorzugt er langsam strömende Bereiche. Nur sehr rasch strömende sowie moorige Gewässer meidet er. Jungtiere leben in Schwärmen und halten sich gern in Ufernähe auf, wo sie Kleintiere fressen. Mit dem Heranwachsen lösen sich die Schwärme auf, ältere Flussbarsche bilden nur noch kleinere Trupps oder entwickeln sich zu Einzelgängern. Ab einer Länge von etwa 15 cm gehen Flussbarsche zur räuberischen Lebensweise über. Sie fressen dann überwiegend Fische, darunter auch kleinere Artgenossen. Die Laichzeit erstreckt sich von März bis Juni. Das Weibchen legt die weißlichen Eier im Uferbereich an Wasserpflanzen, Wurzeln oder Steinen ab – in Form 1 bis 3 cm breiter und bis zu 1 m langer, netzartiger Gallertbänder. Die werden während der Ablage meist von mehreren Männchen besamt. Die Larven schlüpfen meist nach 2 bis 3 Wochen.

AUSSEHEN Gedrungener, mehr

oder wenig hochrückiger Körper. Stumpfer Kopf mit weiter, endständiger Maulspalte. Hinterer Rand des Kiemendeckels mit kräftigem Dorn. Zweigeteilte Rückenflosse, vordere mit Stachelstrahlen und einem schwarzen Fleck am Hinterrand. Färbung gelbgrün bis graugrün. Vom Rücken über die Seiten erstrecken sich 5 bis 9 dunkle, manchmal gegabelte Querbinden. Bauch- und Afterflosse sowie der untere Teil der Schwanzflosse meist orange bis rot. Länge: 15 bis 30 cm, max. 50 cm.

VORKOMMEN Weit verbreitet über fast ganz Europa und bis nach Sibirien. Fehlt u. a. in Schottland, Nordnorwegen, auf der Iberischen Halbinsel, Mittel- und Süditalien.

Zander

Stizostedion lucioperca – Echte Barsche (Percidae)

WISSENSWERTES Der Zander ist unser größter Fisch aus der Barschfamilie. Als hochwertiger Speise- und Angelfisch ist er bedeutend für die Teichwirtschaft. Seine Bestände werden vielerorts durch Besatz gestützt und weiterverbreitet.

LEBENSWEISE Der stationäre Raubfisch bevorzugt große, nährstoffreiche Seen und Fließgewässer mit festem Grund. Auch im Brackwasser ist er anzutreffen. Besonders im Sommer planktontrübe Gewässer sind für ihn ein ideales Jagdrevier. In solchen kann er sich besser gegen den Hecht durchsetzen als in klaren Gewässern. Im Gegensatz zum Hecht jagt der Zander gern im Freiwasser und auch in Bodennähe. Jungfische ernähren sich zunächst von Zooplankton und Kleintieren des Bodens, doch schon nach dem ersten Lebensjahr fressen sie hauptsächlich Fisch, darunter zum Beispiel Stint, Ukelei, Plötze und junge Flussbarsche. Mit 3 bis 5 Jahren (30 bis 45 cm Länge) werden Zander geschlechtsreif. Die Laichzeit beginnt März/April und kann sich bis in den Juni hineinziehen. Das Ablaichen geschieht in geringen Tiefen über flachen Gruben, die auf freier Fläche oder zwischen Astwerk und Wurzeln angelegt wurden. Das Männchen bewacht und befächelt das Gelege bis zum Schlüpfen der Brut. Laichräuber werden mit entschlossenen Attacken verjagt.

AUSSEHEN Lang gestreckter, spindelförmiger Körper, zugespitzter

Kopf. Weites, endständiges Maul mit kleinen Bürstenzähnen und großen Fangzähnen („Hundszähne") im Ober- und Unterkiefer. Zwei getrennte Rückenflossen, die vordere mit Stachelstrahlen. Färbung grünlich grau mit silbrigem, teils auch messingfarbenem Glanz. Rückenflossen mit dunklen Punktreihen. Jungtiere mit dunklen Querbinden auf den Seiten. Länge: 40 bis 50 cm, max. 130 cm.

VORKOMMEN Mittel- und Osteuropa bis zum Aralsee. Ursprünglich nur östlich der Elbe. Westlich der Elbe wurde er im vergangenen Jahrhundert eingeführt.

Kaulbarsch, Rotzbarsch

Gymnocephalus cernua – Echte Barsche (Percidae)

WISSENSWERTES Früher wurde der Kaulbarsch in Bereichen Norddeutschlands teils massenhaft gefangen, unter anderem zur sogenannten Sturensuppe verkocht, aber auch als Dünger verwendet. Heute hat die Bedeutung sehr stark abgenommen.

LEBENSWEISE Der Kaulbarsch bewohnt größere Fließgewässer, besonders Unterlauf und Mündungsbereich (die Blei- sowie die Kaulbarsch-Flunder-Region) sowie Seen, Haffe und Brackwasser. Er ist ein geselliger, oft in Scharen lebender Bodenfisch. Seltener trifft man ihn einzeln an, etwa im Kraut stehend. Der Kaulbarsch ist ein Kleintierfresser mit einer stumpfen Schnauze und einem vergleichsweise kleinen Maul. Er frisst vorwiegend Kleintiere des Gewässerbodens wie Insektenlarven, Würmer, Schnecken, Muscheln und kleine Krebstiere wie zum Beispiel Dorngarnelen, die etwa in der Elbmündung eine bedeutende Nahrungsgrundlage darstellen. Zur Laichzeit von März bis Mai ziehen Kaulbarsche in oftmals großen Schwärmen zu flachen Uferstellen. Hier werden die Eier portionsweise in Form gallertartiger Schnüre oder Klumpen an Steinen, Kies oder Sand, seltener auch an Wasserpflanzen abgelegt.

AUSSEHEN Gedrungener, etwas hochrückiger Körper. Stumpfe Schnauze mit relativ kleinem Maul. Kiemendeckel endet mit einem Dorn. Rückenflosse ungeteilt, aber

mit einem Absatz zwischen vorderem stacheligen und hinterem weichstrahligen Teil. Färbung: braungelb bis braungrün, teils mit Messingglanz, sowie zahlreichen dunklen Sprenkeln. Länge: meist bis 15 cm, max. 25 cm.

VORKOMMEN Weit verbreitet von Mittel- über Ost- und Nordosteuropa bis zum Weißmeergebiet, Sibirien und Asien.

Schrätzer

Gymnocephalus schraetzer – Echte Barsche (Percidae)

WISSENWERTES Vom Körperbau ähnelt der Schrätzer dem Kaulbarsch, ist jedoch an den drei bis vier dunklen Strichreihen leicht zu unterscheiden. Er gilt als stark gefährdet.

LEBENSWEISE Diese bodenorientierte Art bevorzugt tiefere Stellen des Flussbetts mit sandigem oder kiesigem Grund. Zu seiner Nahrung gehören Kleinkrebse, Insektenlarven, Würmer und Fischlaich. Zur Fortpflanzungszeit im April und Mai unternehmen Schrätzer kurze Laichwanderungen. Die Eier werden in Form breiter, klebriger Gallertbänder an Steinen, Kies, Wurzeln oder versunkenem Astwerk abgelegt.

AUSSEHEN Lang gestreckter Körper mit zugespitztem Kopf und kleiner Maulöffnung. Vorderer Teil der Rückenflosse mit Stachelstrahlen, der hintere Teil mit Gliederstrahlen. Rücken und Seiten hellbraun bis gelblich mit drei bis vier dunklen, teilweise in Punkt- oder Strichreihen aufgelöste Längsstreifen. Länge: 15 bis 25 cm, max. 30 cm.

VORKOMMEN Endemisch in der Donau und ihren Nebenflüssen von Bayern bis zum Mündungsdelta.

Streber

Zingel streber – Echte Barsche (Percidae)

WISSENWERTES Streber haben ein kleines Verbreitungsgebiet, gelten als selten und vom Aussterben bedroht.

LEBENSWEISE Der nachtaktive Bodenbewohner hält sich tagsüber an geschützten Stellen wie Gumpen auf. Zur Fortbewegung rutscht er eher ruckartig über den Boden, als dass er wirklich schwimmt. Er bevorzugt kiesgründige, klare, flache Fließgewässer, deren Grund er nach Kleinkrebsen, Würmern, Insektenlarven und Fischbrut absucht. Zur Laichzeit im März bis April suchen Streber seichte, stärker überströmte Kiesbänke auf. Die etwa 2 mm großen Eier haften an Steinen und Wurzeln, seltener auch an Pflanzen.

AUSSEHEN Lang gestreckter, spindelförmiger Körper, auffallend langer, drehrunder Schwanzstiel. Unterständiges Maul, zweigeteilte Rückenflosse. Färbung: gelbbraun mit vier oder fünf dunklen Querbändern, die im Gegensatz zum Zingel deutlich abgegrenzt sind. Zur Paarungszeit mit grünlichem Bronzeglanz. Länge: 12 bis 18 cm, max. 22 cm.

VORKOMMEN Endemisch in der Donau und ihren Nebenflüssen von Baden-Württemberg bis zum Delta.

Zingel

Zingel zingel – Echte Barsche (Percidae)

WISSENWERTES Der Zingel kann seinen Kopf zu den Seiten hin bewegen.

LEBENSWEISE Der Zingel bevorzugt schnell strömende Abschnitte mit Sand- oder Kiesgrund. Tagsüber ruht der nachtaktive Grundfisch zwischen Steinen, Holz und anderen Verstecken. Die Fortbewegung erfolgt stoßweise mit rutschenden und hüpfenden Bewegungen. Zu seiner Nahrung gehören Bodenbewohner wie Kleinkrebse, Würmer, Insektenlarven sowie Fischlaich und -brut. Zwischen März und Mai wird an überströmten, steinig kiesigen Stellen abgelaicht. Die 1,5 mm großen, klebrigen Eier haften am Substrat.

AUSSEHEN Lang gestreckter, spindelförmiger Körper. Zugespitzter Kopf mit unterständigem Maul, dünner Schwanzstiel. Zwei voneinander getrennte Rückenflossen. Gelblich braune Grundfärbung, dem Untergrund angepasst, mit großen unregelmäßigen, dunklen Flecken oder Querbinden, deren Ränder nicht klar abgesetzt. Größe: 20 bis 30 cm, max. 50 cm.

VORKOMMEN Endemisch im Donausystem (Baden-Württemberg bis Schwarzmeer-Mündungsgebiet), Dnjestr und dessen Nebengewässer. In Deutschland vom Aussterben bedroht. In Österreich stellenweise nicht selten.

Forellenbarsch

Micropterus salmoides

WISSENSWERTES Der in Nordamerika heimische Forellenbarsch wurde Ende des 19. Jahrhunderts als attraktiver Angelfisch in Europa eingeführt.

LEBENSWEISE Junge Forellenbarsche fressen vor allem wirbellose Kleintiere, ältere Exemplare hauptsächlich andere Fische, daneben etwa auch größere Krebse. Zur Laichzeit von Mai bis Juli besetzt das Männchen kleine Reviere in Flachwasserbereichen und schlägt dort, meist im kiesigen bis sandigen Grund, eine große Laichmulde. Das Männchen bewacht das Gelege und fächelt mit den Brustflossen Frischwasser zu. Die geschlüpften Larven bleiben eine Zeit im Nest, weiterhin bewacht vom Männchen. Über die Auswirkungen wie Nahrungskonkurrenz und Verdrängungseffekte durch diese Fremdart auf die heimische Fauna ist wenig bekannt.

AUSSEHEN Gestreckter, seitlich abgeflachter Körper. Großer Kopf, großes Maul. Färbung: Olivgrün, dunkler Rücken, Flanken mit zackigem Längsband aus dunklen, unregelmäßigen Flecken. Länge: 40-60, selten bis 90 cm.

VORKOMMEN Die ursprüngliche Heimat ist Nordamerika. Besonders in Österreich und Süddeutschland ist die Art heute in einigen Fließgewässern – besonders im Rhein- und Donaugebiet – und in verschiedenen Seen (z.B. Wörthersee) lokal verbreitet.

Sonnenbarsch, Sonnenfisch

Lepomis gibbosus – Sonnenbarsche (Centrarchidae)

WISSENSWERTES Der Sonnenbarsch wurde ab 1887 von Kanada nach Europa importiert und ist heute in vielen Gebieten eingebürgert. Eine weitere Ausbreitung ist zum Schutz heimischer Fischarten unerwünscht und ein Besatz mit dieser Art in den meisten europäischen Ländern verboten.

LEBENSWEISE Der Sonnenbarsch bevorzugt stehende und langsam fließende, pflanzenreiche Gewässer, z. B. Altarme, Auen, ruhige Buchten von Flüssen, Baggerseen, Weiher bis hin zu Parkteichen. Zur Laichzeit von Mai bis Juni werden die Eier in flache, selbst angelegte Nestmulden abgelegt. Das Gelege wird bewacht und die Eier mit Frischwasser befächelt. Sonnenbarsche fressen überwiegend kleine Wirbellose wie Würmer, Insekten, Schnecken und Kleinkrebse, daneben aber auch kleine Fische sowie Fischlaich- und brut.

AUSSEHEN Körper gedrungen, hochrückig und seitlich stark abgeflacht. Relativ kleines Maul. Lange Rückenflosse, vorn hart-, hinten weichstrahlig. Färbung: grünbraun bis blau-grünlich . Am Ende des Kiemendeckels ein schwarzer und meist zusätzlich ein roter Fleck. Länge: 10 bis 20 cm, max. 30 cm.

VORKOMMEN Die Heimat liegt im Osten Nordamerikas, von Kanada bis Florida. Heute ist er in vielen Teilen West-, Mittel- und Osteuropas eingebürgert.

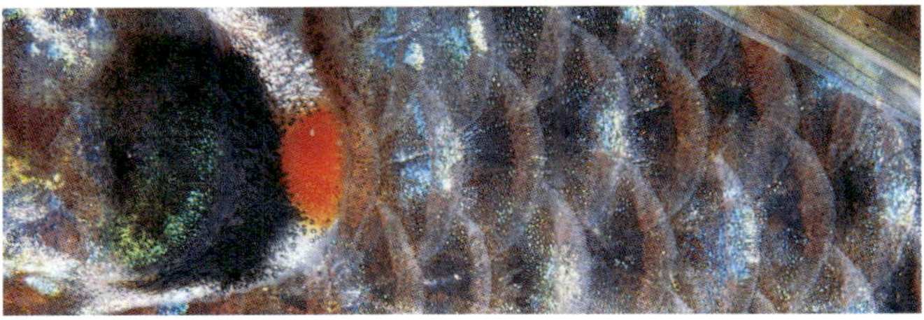

Neunstachliger Stichling, Zwergstichling

Pungitius pungitius – Stichlinge (Gasterosteidae)

WISSENSWERTES Der Zwergstichling ist unsere kleinste heimische Fischart. Gegenüber Temperaturschwankungen und Sauerstoffgehalt ist er sehr anpassungsfähig. In Kleinstgewässern ist er nicht selten als einzige Fischart vertreten.

LEBENSWEISE Der Zwergstichling besiedelt stehende und langsam fließende Gewässer, pflanzenreiche Kleingewässer wie Bäche, Weiher, Tümpel, Wiesengräben und sogar Rinnsale. Zwergstichlinge sind viel scheuer als der Dreistachlige Stichling und suchen gern Schutz in Bodennähe, unter Laub und zwischen Pflanzen. Diese Art ernährt sich von Kleinkrebsen, Würmern, Insektenlarven und Fischlaich. Zur Laichzeit zwischen April und August ist das Männchen revierbildend und baut ein Nest, das meist zwischen Wasserpflanzen über dem Boden hängt. Hierin können mehrere Weibchen nacheinander Eier ablegen. Das Männchen bewacht den Laich bis zum Schlüpfen der Brut.

AUSSEHEN Lang gestreckter, schlanker, seitlich abgeflachter Körper. Leicht oberständiges Maul. Die neun bis zehn Stacheln auf seinem Rücken sind meistens eingeklappt. Wenn sich der Stichling bedroht fühlt, kann er sie aber auch aufklappen. Die zweite Rückenflosse und die Afterflosse sind gleich groß und stehen sich gegenüber. Färbung: Oberseite meist braungrau bis grüngrau, teils mit dunkler Marmorierung oder Querbinden. Beim Männ-

chen färben sich zur Laichzeit Brust und Kehle, teils auch der ganze Körper pechschwarz, die Bauchstacheln werden hellblau bis weiß. Länge: 4 bis 7 cm, max. 8 cm.

VORKOMMEN Zirkumpolar auf der Nordhalbkugel weit verbreitet.

Dreistacheliger Stichling

Gasterosteus acuelatus – Stichlinge (Gasterosteidae)

WISSENSWERTES Sein interessantes und komplexes Fortpflanzungsverhalten hat den Stichling berühmt gemacht. Er wurde intensiv von Verhaltensforschern untersucht und ist in zahlreichen Biologielehrbüchern dargestellt.

LEBENSWEISE Der Dreistachlige Stichling bewohnt Küstenbereiche der Meere, Brackwasser sowie Süßgewässer. In letzteren bevorzugt er flache, pflanzenreiche, stehende oder nur langsam fließende Gewässer. Bei dieser Art werden zwei Ökotypen unterschieden. Die marine, anadrome Wanderform, die zur Laichzeit (März bis Juli) vom Meer in oft großen Schwärmen ins Süßwasser zieht, sowie die stationäre, ganzjährig in Binnengewässer lebende Süßwasserform. Die Nahrung umfasst Insektenlarven, Kleinkrebse, Würmer, Fischlaich und -brut. Außerhalb der Fortpflanzungszeit leben die Tiere gesellig, doch zur Laichzeit besetzt das Männchen ein kleines Revier, das es gegenüber Rivalen entschlossen verteidigt. Mit dem Maul hebt es eine flache Bodenmulde aus und baut darin ein tunnelförmiges Nest aus Fadenalgen und Pflanzenfasern, die es mit einem Nierensekret verleimt. Laichbereite Weibchen in Nestnähe werden vom Männchen in einem als Zickzacktanz bezeichneten Balzritual zum Nest geführt. Das Weibchen schwimmt in die Neströhre, legt die Eier ab und verlässt sie auf der anderen Seite. Danach schwimmt das

Männchen durch und besamt dabei die Eier. Das Männchen bewacht das Gelege und fächelt Frischwasser zu. Auch die geschlüpfte Brut wird noch eine Zeit lang gegen Fressfeinde bewacht. Die intensive Brutpflege ermöglicht einen relativ hohen Bruterfolg.

AUSSEHEN Gestreckter, seitlich abgeflachter Körper. Die erste Rückenflosse ist auf drei große, aufrichtbare Stacheln reduziert, die zweite Rückenflosse weit nach hinten versetzt. Schuppen fehlen, stattdessen befinden sich knöcherne Schilde entlang der Körperseiten. Anhand dieser Knochenplatten werden drei Formen unterschieden: Die Form „trachurus" besitzt eine durchgehende Reihe von Schilden; bei der Form „semiarmatus" befindet sich zwischen den Schilden am Schwanzstiel und hinter dem Kiemendeckel ein ungepanzerter Bereich; die Form „leiurus" trägt Schilde nur im Brustbereich. Färbung: blaugrau bis olivgrün mit dunklen Querstbändern oder Marmorierung, stellenweise mit Silberglanz. Auch messinggelbe Populationen sind bekannt. Beim Männchen färben sich zur Laichzeit Kehle, Brust und Bauch rot. Länge: Süßwasserformen bis 8 cm, marine Wanderformen bis 11 cm.

VORKOMMEN Mit mehreren Formen in Europa, Nordasien und Nordamerika weit verbreitet.

Wels, Waller

Silurus glanis – Welse (Siluridae)

WISSENSWERTES Der Wels gehört zu den stark gefährdeten Arten. Vielerorts sind geeignete Laichplätze selten geworden. Die Bestände dieses beliebten Angelfisches werden durch Besatzmaßnahmen gestützt.

LEBENSWEISE Der Wels bewohnt stehende und langsam fließende, nicht zu kalte Gewässer mit tieferen Stellen und weichem Grund. Den Tag verbringt der stationäre Grundfisch meist in Verstecken, etwa unter überhängenden Ufern, in Kolken oder zwischen versunkenem Astwerk. Der dämmerungs- und nachtaktive Räuber frisst hauptsächlich Fische, daneben auch Amphibien, Wasservögel und Kleinsäuger. Er saugt die Beute durch blitzschnelles Aufreißen des riesigen Mauls in sich hinein, wobei ein mächtiger Wassersog entsteht. Zur Laichzeit von April bis Juli werden die klebrigen Eier an pflanzenbestandenen Uferbreichen in einer selbst gefertigten, nestähnlichen Mulde abgelegt. Das Männchen bewacht das Gelege bis zum Schlüpfen der kaulquappenähnlichen Larven. Die Jungfische ernähren sich zunächst von Zooplankton und Kleintieren, stellen aber schon bald Fischen nach. Bei guten Bedingungen ist die Art sehr schnellwüchsig und wird mit 3 bis 6 Jahren ab 60 cm Länge geschlechtsreif. Welse überwintern ohne Nahrungsaufnahme an tieferen Stellen, teils im Schlamm eingegraben.

AUSSEHEN Lang gestreckter, massiger, schuppenloser Körper, im hinteren Teil seitlich stark zusammengedrückt. Breiter, abgeplatteter Kopf, sehr kleine Augen, großes Maul mit zahlreichen kleinen, borstenartigen Zähnen. Oberlippe mit zwei sehr langen, Unterlippe mit vier kürzeren Barteln. Rückenflosse sehr klein, Afterflosse extrem lang. Färbung: variabel, blaugrau über grünlich braun bis blauschwarz. Flanken heller und mit dunkler Marmorierung. Länge: 1 bis 2 m, selten bis über 2,5 m.

VORKOMMEN Ursprünglich in weiten Teilen Mittel- und Osteuropas bis zum Aralsee. Darüber hinaus heute durch Besatz u. a. auch in West- und Südeuropa verbreitet.

Brauner Zwergwels, Katzenwels

Ameiurus nebulosus – Zwergwelse, Katzenwelse (Ictaluridae)

WISSENSWERTES Zwergwelse werden im Handel vielfach als Besatz für Gartenteiche und Aquarien angeboten. Werden sie dann unliebsam groß, werden sie oft in freie Gewässer ausgesetzt. In Nordamerika sind Zwergwelse als „Catfish" bekannt und beliebte Angel- und Speisefische.

LEBENSWEISE Wie der ebenfalls, aber etwas später aus Nordamerika eingeführte Schwarze Zwergwels ist auch der Braune Zwergwels überwiegend nachtaktiv und bevorzugt größere stehende und langsam fließende, weichgründige Gewässer. Als Nahrung dienen diesen Zwergwelsen in der Jugend vor allem wirbellose Kleintiere des Bodens wie Insektenlarven, Kleinkrebse, Egel und Würmer, mit dem Alter zusätzlich Schnecken, Fischlaich und -brut sowie kleine Fische. Bezüglich der Gewässergüte sind sie anspruchslos, tolerieren niedrige Sauerstoffgehalte und einen deutlichen Grad an Verschmutzung. Zum Laichen fertigen sie an flachen, geschützten Stellen einfache Nestmulden an, in die die klebrigen Eier abgelegt und dort bewacht werden.

AUSSEHEN Schuppenloser Körper, im hinteren Bereich seitlich abgeflacht. Acht Barteln, je vier am Ober- und am Unterkiefer. Fettflosse. Afterflosse mit 21 bis 24 Strahlen. Wird häufig mit dem Schwarzen Zwergwels (*Ameiurus melas*) verwechselt, der eine eher schwarze Färbung (besonders Jungtiere) und

17 bis 21 Afterflossenstrahlen hat. Färbung: mehr oder weniger dunkelgraubraun. Größe: bei uns meist 20 bis 35 cm.

VORKOMMEN Diese aus Nordamerika stammende Art wurde gegen Ende des 19. Jahrhunderts in mitteleuropäische Gewässer eingeführt und ist hier stellenweise eingebürgert, bildet also sich selbst erhaltende Populationen.

Hecht

Esox lucius – Hechte (Esocidae)

WISSENSWERTES Der Hecht ist einer unserer größten Raubfische und schreckt selbst vor großen Beutefischen nicht zurück. Seine Taktik bei der Jagd ist ein blitzschneller, kurzer Vorstoß. Die extrem weit hinten liegende Rückenflosse bildet zusammen mit After- und Schwanzflosse eine große, Schub erzeugende Fläche. Der lange, biegsame Körper kann sich stark krümmen, so dass er zum Blitzstart richtig „ausholen" und aus dem Stand heraus katapultartig vorschnellen kann. Zudem hat der Hecht nur einen sehr geringen Anteil nicht muskulären Gewebes. Bis zu 60 Prozent seiner Körpermasse entfallen allein auf die Muskulatur. Das alles macht diesen Raubfisch zu einem hervorragenden Beschleunigungsspezialisten.

LEBENSWEISE Der Hecht bewohnt zahlreiche stehende Gewässer vom kleinen Tümpel bis zu großen Seen, langsam fließende Gewässer und kommt auch in Brackwasserbereichen vor. Der standorttreue Raubfisch bevorzugt ufernahe Bereiche und steht gern zwischen Wasserpflanzen, Baumwurzeln, an der Schilfkante, unter Uferböschungen oder überhängenden Zweigen. In solcher Deckung lauert er reglos auf vorbeischwimmende Beute, die er im blitzschnellen Vorstoß packt. Als typischer Raubfisch ernährt sich der Hecht fast ausschließlich von Fischen, wozu auch kleinere Artgenossen gehören, was ihn naturge-

mäß zum Einzelgänger macht. Gelegentlich erbeutet er auch Frösche, Wasservögel und Kleinsäuger wie Wasserspitzmäuse oder Bisamratten. Die Laichzeit reicht von Februar bis Mai. Die Eier werden über seichten, pflanzenbestandenen Uferbereichen von Seen, überschwemmten Wiesen von Flussauen oder in Gräben abgelegt. Das Ablaichen kann paarweise geschehen, nicht selten jedoch auch in einer kleinen Gruppe aus einem Weibchen und mehreren Männchen. Die klebrigen Eier haften an Wasserpflanzen, und auch die geschlüpften Larven heften sich mit Klebedrüsen an Pflanzen oder Wurzeln und zehren vom Dottervorrat. In den ersten Lebenswochen ernähren sich die Hechtjungen von Planktontierchen, doch schon ab etwa 5 cm Länge fressen sie vorwiegend Fische. Bereits nach dem ersten Sommer können die gefräßigen Junghechte etwa 20 cm messen. Hechte sind als Lauerräuber auf geeignete Standplätze und zur Fortpflanzung auf untergetauchte Pflanzenbestände angewiesen, wie sie zum Beispiel intakte Ufer- und Auenbereiche bieten. Beides ist seltener geworden durch Uferbegradigungen, Verbauung und Regulierungsmaßnahmen. In vielen Gewässern ist der Bestand von Hechten daher gering, vor allem der natürliche Nachwuchs. Dass der Hecht dennoch vielerorts häufig ist, liegt an den umfangreichen Besatzmaßnahmen. Dies hilft zwar stellenwei-

Hechte

se, ist dauerhaft jedoch keine Lösung. Dazu bedarf es geeigneter Renaturierungsmaßnahmen. Die stellen häufig zugleich auch einen wirksamen Hochwasserschutz dar.

AUSSEHEN Lang gestreckter, seitlich wenig zusammengedrückter Körper. Entenschnabelartige, horizontal abgeflachte Schnauze. Weite Maulspalte, mit starker Bezahnung, mehrere kräftige Fangzähne sowie zahlreiche kleinere, nach hinten weisende Hechelzähne. Rückenflosse sehr weit hinten, auf gleicher Höhe wie die Afterflosse. Färbung: variabel, von gelbgrün über oliv bis bräunlich mit helleren Flecken oder Querstreifen. Jungtiere meist lebhaft grün mit ausgeprägter grünlich gelber Mamorierung (sogenannte Grashechte). Länge: Männchen bis etwa 90 cm, Weibchen bis zu 150 cm.

VORKOMMEN Gemäßigte Klimazonen der nördlichen Erdhalbkugel: von Europa über Asien bis Nordamerika. In Europa weit verbreitet. Ausnahmen: zum Beispiel Norwegen, Iberische Halbinsel, östliche Adria und Griechenland.

Flussgrundel

Neogobius fluviatilis – Grundel (Gobiidae)

WISSENSWERTES Über ihr ursprüngliches Verbreitungsgebiet hinaus breitete sich die Flussgrundel in den letzten Jahrzehnten weiter aus, im Donaugebiet und auch in Polen (Weichsel). Über den Rhein-Main-Donau-Kanal kam sie bis nach Deutschland (2008 im Duisburger Hafen gefunden) und die Niederlande (2009 im Rhein bei Waal). Auch in Süddeutschland ist sie in einigen Flüssen und Bächen zu finden. Vermutlich kam sie mit Ballastwasser nach Deutschland. Man geht davon aus, dass sie sich weiter ausbreitet.

LEBENSWEISE Die Flussgrundel bewohnt Salz-, Süß- und Brackwasser. Sie ist ein typischer Grundfisch mit bodengebundener Lebensweise und ruckartiger Schwimmweise, die eher einem Rutschen über den Grund gleicht. An der Unterseite ihres Körpers besitzt diese Art Bauchflossen, die zusammengewachsen sind. In der Strömung kann sie sich damit am Boden halten. Von anderen Grundeln unterscheidet sie sich durch ihren silbrig glänzenden Bauch Flussgrundeln bevorzugen einen eher sandigen Untergrund und sind fast nie an Steinen zu finden Sie fressen Kleintiere, besonders auch Mollusken. Zur Laichzeit unterhöhlt das Männchen mit seinen Brustflossen einen ausgewählten Stein. Das Weibchen heftet dann die Eier an dessen hohl liegende Unterseite. Das Männchen bewacht das Gelege einige Tage.

AUSSEHEN Gestreckter, relativ schlanker Körper, Kopf etwas abgeflacht. Weite, leicht oberständige Maulspalte. Große Brustflossen. Die Bauchflossen sind zu einer Saugscheibe verwachsen. Färbung: cremefarben mit graubraunen unregelmäßigen Flecken und an den Seiten angedeutete Querbinden. Männchen zur Laichzeit dunkel bis schwärzlich gefärbt. Länge: 15 bis 18 cm, max. 20 cm.
VORKOMMEN Schwarzes, Asowsches und Marmara-Meer und östlich bis Kaspisches Meer. Bewohnt Küstenregionen, Flüsse und Seen. In den Zuflüssen bis 1000 Kilometer stromaufwärts, in der Donau bis Ungarn.

Schwarzmund-Grundel

Neogobius melanostomus – Grundeln (Gobiidae)

WISSENSWERTES Seit etwa 1990 breitet sich diese Art in der Ostsee stark aus, nachdem die ersten Exemplare in der Danziger Bucht entdeckt wurden. Wohl durch den Schiffsverkehr über das Ballastwasser eingeschleppt. Sie erreichte später neben weiteren Ostseegebieten auch zuführende Flüsse wie die Weichsel. Sie dringt zudem über die Donau vor und ist seit 2008 auch im Rhein verbreitet.

LEBENSWEISE Dieser Bodenbewohner bevorzugt strukturreiche Areale. Die Eier werden meist an der Unterseite von Hartsubstraten angeheftet. Zeigt aggressives Revierverhalten und verteidigt das Gelege. Frisst kleine Bodentiere und Fischlaich und steht in Konkurrenz zu anderen Bodenfischen wie Groppe, Steingressling und Streber bezüglich Nahrung, Laichplätze und Unterschlupfe.

AUSSEHEN Gestreckter, etwas gedrungener Körper. Oberständiges Maul. Färbung: hellgrau bis hellbraun mit dunkleren Flecken, teils mit größeren dunkelbraun bis bläulichen Partien. Schwarzer Fleck am hinteren Rand der vorderen Rückenflosse. Männchen zur Laichzeit oft besonders dunkel. Länge: bis zu 22 cm.

VORKOMMEN Ursprünglich die Küstenregionen vom Schwarzen, Asowschen und Kaspischen Meer und im Unterlauf größerer Fließgewässer wie Dnjepr, Don und Donau.

Flunder

Platichthys flesus – Schollen (Pleuronectidae)

WISSENSWERTES Die Flunder ist bei uns der einzige Plattfisch, dem es möglich ist, im Süßwasser zu überleben. Besonders in den Sommermonaten wandert dieser Meeresfisch weit in Flüsse hinauf.
LEBENSWEISE Flundern sind gesellig lebende, nachtaktive Bodenfische. Tagsüber ruhen sie oft eingegraben im Sand oder Schlick, so dass nur noch die äußerst beweglichen Augen herausschauen. Nachts suchen sie den Grund nach Nahrung ab – wirbellose Kleintiere und auch kleine Fische. Abgelaicht wird zwischen Januar und April. Die frei im Wasser lebenden Larven sind zunächst noch symmetrisch. Bei der Umwandlung zur asymmetrischen Form wandert ein Auge zur gegenüberliegenden, späteren Oberseite. Nach der Vollendung zum gut 1 cm langen Plattfisch gehen die Tiere zum Bodenleben über.
AUSSEHEN Ovaler, asymmetrischer und seitlich sehr stark abgeplatteter Körper. Augen meist auf der rechten Körperseite, bis etwa 30 Prozent können linksäugig sein („Linksflundern"). Färbung: Oberseite sehr variabel durch Farbanpassung an den jeweiligen Untergrund, Unterseite weißlich. Als einzige Plattfischart im Süßwasser unverwechselbar, mehrere weitere Plattfischarten in Küstengewässern.
LÄNGE 20 bis 30 cm, max. 50 cm.
VORKOMMEN Europäische Küstengewässer, Weißes Meer, Nordatlantik, Nord- und Ostsee, Mittelmeer, Schwarzes Meer.

Register

Impressum

Mit 201 Farbfotos von
Herbert Frei auf den Seiten 2/3, 4, 6, 7, 9, 10, 11, 12, 13, 14, 15, 16, 17 oben und Mitte, 18,19, 20, 21, 22, 25, 27, 34, 37, 39, 40, 42, 43, 45, 46/47 48, 49, 50, 51, 61, 63, 64, 67, 68, 69, 71, 73, 81, 90, 91, 95, 96, 105, 108, 109, 112, 116, 117, 125, 126, 127, 130, 131, 132, 133, 134, 135, 136, 137, 138, 142, 145, 146, 147, 148, 152, 154, 155; Manuela Kirschner auf den Seiten 17 unten, 33, 65, 95, 97, 104, 113, 128, 129, 144, 149, 150; Katrin Wollny-Goerke: Seite 30; Andreas Hartl auf den Seiten 31, 35, 46, 75, 101 oben, 103 oben 119 oben 141, 147; Stefan Ludwig auf Seite 58; Dr. Bernd Stemmer auf den Seiten 24, 26, 27, 28, 29, 36
Vier Grafiken von Wolfgang Lang
Vier Zeichnungen von Claus Caspari/KOSMOS

Umschlaggestaltung von Büro Jorge Schmidt unter Verwendung eines Fotos von Manuela Kirschner. Es zeigt einen Barsch.

Gedruckt auf chlorfrei gebleichtem Papier

Pfizerstraße 5–7, 70184 Stuttgart
kosmos.de/servicecenter

ISBN 978-3-440-17979-6
Redaktion: Monika Weymann
Layout: Peter Schmidt Group
Gestaltung und Satz: Populärgrafik
Produktion: Markus Schärtlein
Druck und Bindung: Westermann Druck, Zwickau
Printed in Germany / Imprimé en Allemagne

Gebietsfremde Arten

1 Schwarzmund-Grundel *Neogobius melanostomus* > Seite 154
2 Bachsaibling *Salvelinus fontinalis* > Seite 48
3 Blaubandbärbling *Pseudorasbora parva* > Seite 106